桐城锌米食用指南

农业农村部食物与营养发展研究所
桐城市人民政府　组织编写

徐海泉　姜洪流　等　编著

中国农业科学技术出版社

图书在版编目（CIP）数据

桐城锌米食用指南 / 徐海泉等编著. -- 北京：中国农业
科学技术出版社，2023.7
ISBN 978-7-5116-6351-1

Ⅰ.①桐… Ⅱ.①徐… Ⅲ.①大米–介绍–桐城 Ⅳ.①S511

中国国家版本馆CIP数据核字（2023）第128696号

责任编辑　崔改泵　姚　欢
责任校对　李向荣
责任印制　姜义伟　王思文

出 版 者　中国农业科学技术出版社
　　　　　北京市中关村南大街12号　邮编：100081
电　　话　（010）82109194（编辑室）　　　（010）82109704（发行部）
　　　　　（010）82109709（读者服务部）
网　　址　https://castp.caas.cn
经 销 者　各地新华书店
印 刷 者　北京地大彩印有限公司
开　　本　165 mm×235 mm　1/16
印　　张　5.75
字　　数　78千字
版　　次　2023年7月第1版　2023年7月第1次印刷
定　　价　50.00元

《桐城锌米食用指南》
编著委员会

指导委员　王晓举　章周中　刘存磊

　　　　　王济民　洪长久　汪杰贤

主 编 著　徐海泉　姜洪流

副主编著　刘志宏　蔡少伦

编著人员（以姓氏笔画为序）

　　　　　乌日娜　白晋睿　孙永叶　朱大洲

　　　　　刘志宏　衣学梅　汪　琪　胡铁华

　　　　　侯明慧　洪腊宝　姜洪流　徐海泉

　　　　　黄　俊　蔡少伦

前言

　　进入 21 世纪以来，伴随我国经济的持续稳定发展，居民的物质文化生活也得到了极大改善，肉蛋奶、鱼虾等动物性食物的摄入量明显增加，瓜果蔬菜也日趋丰富。在膳食结构发生剧变的过程中，由于居民均衡营养、合理膳食的知识匮乏以及饮食习惯和生活方式的不健康，从而引发糖尿病、高血压和血脂异常等膳食相关的慢性疾病患病率迅速上升，成为当前影响我国居民健康的极大隐患。

　　大米作为我国重要的传统主粮，同时也是一种营养素种类较为丰富的谷类食物，含有蛋白质、脂肪、碳水化合物、多种维生素和矿物质等人体所必需的营养物质，可满足人体主要营养素需求。作为日常主食，大米是我们人体所需能量的主要来源之一，同时又可提供丰富的膳食纤维、B 族维生素等营养成分。

　　《中国居民膳食指南（2022）》在平衡膳食"准则一　食物多样，合理搭配"中就强调了谷类在膳食结构中的主体地位，指出谷类为主是平衡膳食模式的重要特征，提出"每天摄入谷类食物 200 ～ 300 g，其中包含全谷物和杂豆类 50 ～ 150 g；薯类 50 ～ 100 g"的建议。在食物多样的基础上，坚持谷类为主，合理搭配，不仅体现了我国传统膳食结构的特点，也能满足平衡膳食模式要求。尽管当前我国居民谷类食物摄入出现了下降趋势，但是仍要坚持谷类为主的膳食模式。

桐城素有崇文重教的优良传统，在当地天然富锌土壤和气候环境下种植出来的桐城锌米，为拥有 1 200 余年历史的桐城文化发展提供了必要的物质基础，造就了当地历史上"五里三进士、隔河两状元"的美谈盛誉。桐城锌米，不仅微量元素锌含量丰富，能满足儿童健康发育的营养需求，还因其独特的种质资源、栽培方式和生长环境，造就其特有的口感品质，而桐城锌米高钾低钠的营养特性，更使其成为高血压患者和低钠饮食群体的首选主食。

本书通过对桐城锌米的种植环境、营养健康功效、营养特点、食用推荐等方面的内容进行系统分析、讲解，介绍了桐城的历史文化、桐城锌米的营养价值以及桐城地区所形成的独特土壤锌资源种植环境。同时，本书针对桐城独具特色的锌米原料传统食物制作进行了介绍，针对不同人群的营养需求特点，提出了差异化的锌米食用原则，适应不同年龄及生理特征人群的营养健康需要。

本书作者专业背景涵盖农学、营养学、食品学及经济学等多个领域，本书是多学科研究成果的集成。限于作者写作水平和时间仓促，定有不足之处，恳请广大读者批评指正。

编　者

2023 年 3 月

目录

一、桐城文化及桐城锌米渊源

（一）桐城文化

桐城是文化之城，古称"桐国"，因该地适宜种植油桐而得名。桐城最久远的古遗址是鲁王墩遗址（图1-1），为新石器时代文化遗址。

图1-1　新石器时代鲁王墩遗址

唐至德二年（757年）正式定名"桐城"，迄今已有1 200余年。桐城素有崇文重教的优良传统，享有"文都"盛誉，"穷不丢书、富不丢猪"的民谚流传已久，"五里三进士、隔河两状元"一时传为美谈。这里文风昌盛，"桐城派"主盟清代文坛200余年，是我国清代文坛上最大的散文流派，归附作家1 200余人，在中国文化史上蔚为高峰，其波澜所及，几遍海内，流风余韵，经久不衰，走出了方令孺、舒芜、陈所巨等一批近现代著名作家。这里文化繁荣，号称"黄梅戏之乡"（图1-2），严凤英等杰出艺人为黄梅戏的发展作出了重要贡献。

图1-2　黄梅戏《荞麦记》

"桐城派"文化、君子文化历久弥新，"桐城歌"入选国家级非物质文化遗产，桐城文庙、文和园入选全国重点文物保护单位。这里名士辈出，涌现出"百科全书式"的大学者方以智，父子宰相张英、张廷玉，美学大师朱光潜，哲学大家方东美，革命家、外交家黄镇，中国巨型计算机之父慈云桂等众多名人，先后走出了近3 000名博士、20名院士。

安徽·中国桐城文化博物馆（图1-3）位于桐城文庙东侧，是继徽文化博物馆、黄梅戏博物馆之后，安徽省第三家"国字号"博物馆。该博物馆通过"古邑春秋，名城遗韵""杏坛弦歌，人物芳华""桐城文派，天下文章""风雅继武，翰墨流芳"四大展区，凸显了桐城的人文底蕴。

图 1-3　安徽·中国桐城文化博物馆

孔城老街（图 1-4）坐落于安徽省历史文化名镇孔城镇境内，距桐城市区 12 km，东临大沙河，西南接范圩农田，北端靠桐（城）枞（阳）公路。孔城老街是对我国保甲文化的完整诠释。

安徽省桐城中学由著名国学大师吴汝纶先生（图 1-5）于 1902年创办。120 年来，学校秉承"勉成国器"的校训，弘扬"勇当大任，志在争先"的桐中精神，凭着深厚的文化底蕴、淳朴的校风、出色的办学成就赢得了"人才的摇篮"的美誉。

图1-4　孔城老街　　　　图1-5　安徽省桐城中学的
　　　　　　　　　　　　　　　　　吴汝纶先生铜像

（二）桐城锌米种植历史

桐城气候温和，河流均匀分布，水土条件优越，宜种植水稻，素有"鱼米之乡"的美誉。水稻种植面积占耕地面积90%以上，粮食生产与加工在农业中占绝对优势。早在明清时期，桐城大沙河、挂车河流域以及其他一些丘陵圩畈区就种植"三粒寸""杨柳籼"等水稻名特优品种，从栽培技术到加工工艺都十分考究。有民谚云："三粒寸，麻壳籼，一人吃饭两人添"。出色的大米拓展了销路，除远销京师，芜湖通和粮行、南京协和粮行、上海通达粮行都曾以经销桐城大米为主。

中华人民共和国成立后，随着科技的不断发展，水稻产量逐渐提高，国家在范岗、城关建立了两座工艺先进、设备精良的现代化米厂。所产"特二"粳米，综合质量指标达到甚至超过国家标准，并荣获安徽省经委授予的优质大米称号，列入《中国名优产品大全》，先后销往山西、陕西、吉林、黑龙江、河北、天津、四川、广东、上海、江苏等省市。20世纪80年代后，"特二"粳米又被国家外贸部列为出口产品，成为东南亚各国的热路货。90年代末，以更为先进的水稻生产技术、加工设备及工艺流程生产出的籼优、协优杂交米，以及早籼米、晚粳米，以青草香系列大米成功注册了"青草香"商标。青草香大米，因其色白、整齐、晶莹剔透、入口清香、松软爽口，而备受消费者青睐。本已远近闻名，从此更加声名大振，不仅销往全国20多个省份，还出口到世界十几个国家和地区。

（三）桐城锌米种植环境

桐城地处大别山南麓，长江淮河之间，属于中北亚热带的过渡地带，季风气候明显，四季分明，气候温和，雨量充沛，年平均气温15.8℃，无霜期234.5天，年降水量1 300 mm，日照时数超过1 900 h，土壤pH值为4.5 ~ 6.5，灌溉水达地表水质Ⅱ类，适宜多种农作物生长。总体地势西北高、东南低，呈三级阶梯渐趋平缓，分为山区、岗地及沿河平原等地貌类型，属于南方湿润平原区。境内土壤有红壤、黄棕壤、棕壤、水稻土、潮土、草甸土、紫色土、石灰（岩）土8个土类。耕地主要集中在丘陵岗地和沿河平原区，土壤类型以水稻土和黄棕壤为主，主产粮、油、棉。纵贯桐城市的四大水系是大沙河、挂车河、龙眠河与孔城河，通过境内菜子湖与长江相通，引江济巢工程途经桐城线路长达30 km。其中，大沙河发源于大别山南麓岳西县巍岭乡丛毛尖，位于安庆市东北部，南临长江，北接巢湖水系，西连皖河流域，东与白荡湖流域毗邻，全流域总面积 3 234 km²，海拔高程 1 465 m，流经潜山县黄柏山区至沙河埠出山口，至尖刀咀分为柏年河和人行河，至乌鱼宕又汇合，经赌其墩入菜子湖；挂车河上游的牯牛背水库灌溉着桐城 1/3 面积的良田。桐城市粮食出口率达 40%，是全国粮食生产先进县（市）。

桐城市地处富锌土地资源靶区，且区内土壤环境质量总体较好，综合环境质量以一、二类土壤为主。桐城生态环境质量非常好，非常适宜发展绿色有机高附加值农产品的生产。2018 年，中国地质科学院水文地质环境地质研究所调查数据显示，桐城市平原区土壤质量总体较好，土壤质量优秀和良好的面积为 836.87 km²，占调查面积的 87.96%，耕地土壤有机质平均值为 25.10 g/kg，有效磷、速效钾平均值分别为 10.80 mg/kg、94.90 mg/kg，均为中等水平。此外，对灌溉水取样调查结果也表明，地表水作为灌溉水，其水质良好，未出现超标现象。通过土壤环境质量和肥力综合分析，确定其可作为绿色食品生产地。定量试验表明，挂车河流域表层土壤锌元素含量介于 32.00 ~ 168.30 mg/kg，平均含量为 67.02 mg/kg；土壤有效锌含量介于 0.71 ~ 44.18 mg/kg，平均含量达 4.15 mg/kg（图 1–6）。

挂车河流域深层土壤锌含量介于 28.51 ~ 122.30 mg/kg，平均含量 64.37 mg/kg；有效锌含量介于 0.11 ~ 11.19 mg/kg，平均含量达 3.57 mg/kg（图 1–7）。深层锌、有效锌含量均低于表层土壤。

结果显示，挂车河流域表层土壤锌、有效锌含量总体上高于深层土壤，土壤中锌、有效锌表现出一定的次生富集作用。挂车河流域土壤锌养分条件总体中等，土壤有效锌养分等级总体优良。表层、深层土壤锌养分等级总体中等，丰富土壤分布比例较小，表层土壤锌丰富土壤共 7.97 km²，深层锌丰富土壤共 6.22 km²。表层、深

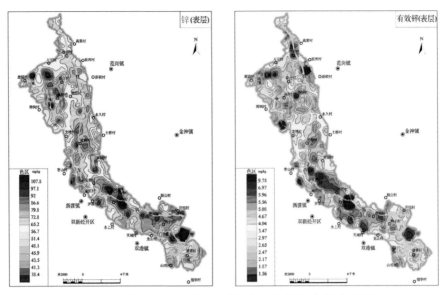

图1-6 挂车河流域表层土壤锌、有效锌含量分布图

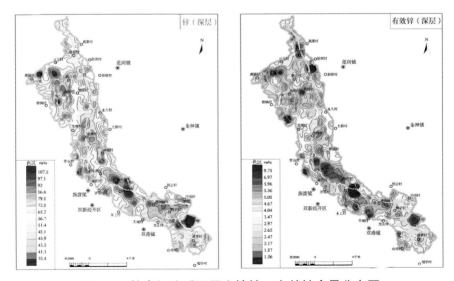

图1-7 挂车河流域深层土壤锌、有效锌含量分布图

层土壤有效锌养分条件总体优良，以丰富级为主，表层有效锌丰富土壤共 46.90 km²，深层有效锌丰富土壤面积共 39.32 km²（图1-8）。因此，挂车河流域土壤锌具有生物可利用性高的特点。

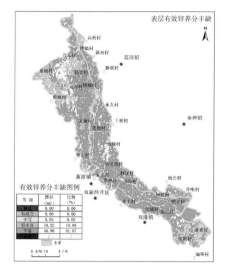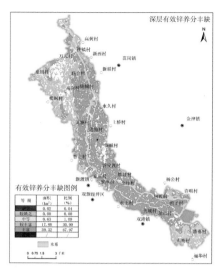

图 1-8　挂车河流域表层、深层土壤有效锌养分丰缺分级图

另外，挂车河流域氮、磷、钾均为中等（较丰富），耕地土壤养分综合等级较好，以较丰富土壤为主，共 32.72 km²。

对挂车河流域土壤进行单元素环境质量及土壤环境质量评估结果显示，土壤单元素环境质量等级为优先保护类，环境综合质量等级为优先保护类（图 1-9）。

挂车河流域土壤锌元素污染风险筛选结果显示锌元素含量低于 200 mg/kg，对农产品质量安全、农作物生长或土壤生态环境的污染风险低。挂车河流域耕地土壤质量地球化学综合等级水平总体优良且等级较高，以一等（优质）和二等（良好）为主，面积分别为 34.35 km² 和 21.81 km²。三等（中等）土壤最少，面积为 1.69 km²，无四等（差等）和五等（劣等）土壤。

挂车河流域耕地均满足无公害、绿色土壤要求，无公害、绿色土壤面积均为 57.85 km²（约 8.68 万亩）（图 1-10）。

综上所述，桐城市具有一定的开发富锌产业的基础条件，可进行富锌产业的综合性开发，依靠科技推动将富锌资源转化为富民资本，能够有力拉动土地增效、促进农民持续增收，带动当地绿色农业、生态农业、特色农业的发展，推动当地农业经济结构的调整。

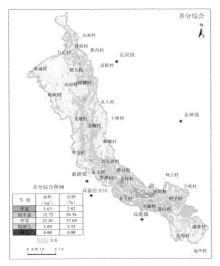
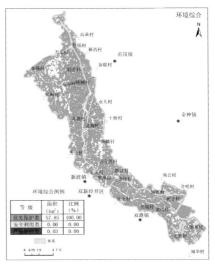

图 1-9　挂车河流域土壤养分和环境质量综合等级图

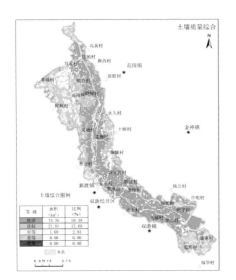
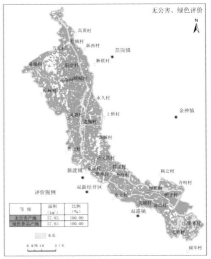

图 1-10　挂车河流域土壤质量地球化学综合等级及无公害、
绿色土壤分布

（四）桐城锌米种植规模

近年来，桐城市富锌水稻种植面积8万亩（图1-11），年总产量5.2万t，其中富锌核心区水稻种植面积5万亩，年产量3.2万t。2022年富锌粳糯稻种植面积3.9万亩，产量2.72万t。桐城富锌水稻主要种植在大沙河及挂车河流域，涉及青草镇、新渡镇、双新产业园、双港镇等。

图 1-11　桐城的稻米种植

二、锌及锌米营养健康功效

（一）锌对人体健康的影响

锌是人体所必需的微量元素，在维持机体正常生长、认知行为、创伤愈合、味觉和免疫调节等方面发挥着功能作用。早在 1869 年，锌就被证实是黑曲霉菌生长的必需元素；1926 年，锌被确认为高等植物生命中所必需的元素；1934 年，锌又被证实为动物所必需的元素；1961 年，针对伊朗地区儿童的食欲减退、生长发育迟缓、性发育不良以及营养性锌缺乏开展的流行病学分析结果，首次揭示了锌对人体营养的重要作用。锌通过约 2 800 种蛋白质和酶发挥催化功能、结构功能和调节功能，在人体发育、认知行为和免疫调节等多方面发挥着重要作用。由于锌在人体生长发育、生殖遗传、免疫、内分泌等生理过程中具有重要的作用，因此被人们冠以"生命之花""智慧之源"的美称。

1. 锌在人体中的分布

锌是人体正常发育的必需元素，在人体中的主要存在方式是作为酶的成分之一，以皮肤、骨骼、肝脏等组织中含量较为丰富，约 60% 存在于肌肉中，而血液和毛发中含量较少。新生儿体内锌的总量约为 60 mg，成年男子约为 2.5 g，成年女子约为 1.5 g。

2. 锌在人体中的吸收、排泄与丢失

（1）吸收

锌主要的吸收部位是十二指肠、空肠和回肠。胃对锌的吸收较少，只有小部分锌在胃和大肠中被吸收。锌进入肠腔后，与来自胰脏的一种小分子量的配体结合，经主动转运机制，进入小肠黏膜，通过镶嵌在肠黏膜吸收细胞刷状缘上的锌转运蛋白而实现对锌的主动吸收。

锌在肠腔中达到生理水平限值时，刷状缘摄取锌呈现饱和动力学特点。肠腔锌浓度更高时，摄取量呈线性增加，缺锌可引起摄取锌增加。肠黏膜细胞中的锌包括从肠腔进入的锌和从浆膜表面再分泌的锌。胞质中大量的锌与高分子蛋白质结合在一起，其他不定量部分根据锌吸收和体内锌的状态结合在一起。锌与金属硫蛋白的结合可阻碍锌的胞外转运，从而可调节肠腔和门静脉血之间锌的流量。结合在金属硫蛋白中的锌含量随锌的供应状况而变化，高锌可诱导金属硫蛋白的合成，使肠黏膜细胞能蓄积来自食物的锌和内源性锌以分泌到肠腔内，从而全面维持锌的体内平衡。

吸收动力学研究结果显示，在锌耗竭期，锌的吸收速率大大增加，实际的转运发生在高锌摄入的状态。小肠内被吸收的锌在门静脉血浆中与白蛋白结合，并被带到肝脏内，进入肝静脉血中的锌有30%～40%被肝脏摄取，随后释放回血液中。血浆中的锌大部分与白蛋白结合，所形成的复合物易被组织吸收，之后随血液进入门静脉循环分布于各器官组织之中。锌在循环血中以不同速率进入

到各种肝外组织中，这些组织的锌周转率不同，中枢神经系统和骨骼摄入锌的速率较低，这部分锌长时间内都被牢固结合，骨骼锌通常情况下不易被机体代谢利用。进入毛发的锌也不能被机体组织利用，而是随毛发的脱落而丢失。存留于胰、肝、肾、脾中的锌，其蓄积速率最快，周转率最高；红细胞和肌肉中锌的交换速率则低得多。体内近90%的锌为慢转换性锌，不能为代谢提供可利用锌，其余可供代谢利用的锌被称作快速可交换锌池，锌池中有锌100～200 mg，占体内锌总量的10%～20%。

（2）排泄与丢失

在正常膳食时，粪是锌排泄的主要途径。因此，当体内锌处于平衡状态时，人体大部分摄入的锌由粪排出，少部分由尿、汗、头发中排出或丢失。在无明显出汗时，每天随汗丢失的锌量很少，但在炎热多汗或病理性大量出汗的情况下，随汗丢失大量的锌可能会导致体内的锌不足。经粪排出的锌占摄入膳食锌的大部分，还包括没有被吸收的膳食锌，同时也包括内源锌。内源锌主要来自肠液、胰液、唾液、胆汁及小肠细胞向黏膜中排出的液体，另外，乳汁中也会排出一定量的锌。内源锌的排泄量随肠道吸收和代谢之间的平衡关系而变化，这种变化也是保持体内锌平衡的主要机制之一。

（3）影响锌吸收利用的主要因素

小肠是锌吸收利用的主要器官，涉及外源性锌的吸收和内源性锌的重吸收两个主要的调节过程。人体平均每天从膳食中摄入10～15 mg的锌，吸收率为20%～30%。

诸多因素均可能影响膳食中锌的吸收。锌的吸收率随食物中的植酸多而下降，因植酸与锌生成不易溶解的植酸锌复合物而降低锌的吸收率，植酸锌还可与钙进一步生成更不易溶解的植酸锌的钙复合物，使锌的吸收率进一步下降。铁会抑制锌的吸收，酒精妨碍锌的吸收，纤维素亦可影响锌的吸收。某些药物或维生素如碘喹啉、苯妥英钠和维生素 D 均能促进锌的吸收。锌的吸收率还部分地决定于锌的营养状况，当体内锌缺乏时，吸收增加、排出减少。

许多膳食因素也影响着锌的生物利用率，主要包括以下几种。①蛋白质：食物中蛋白质的含量与锌的吸收呈正相关。因此，增加食物中蛋白质含量可提高锌的摄入和生物利用率。动物性食物中锌的吸收率更高。②铁：铁对锌存在着一定的抑制作用。在孕妇和乳母铁的补充问题上，要综合考虑铁锌补充水平。③钙和磷：钙是影响锌吸收的常量元素，研究发现超过 1 000 mg/d 的钙可减少锌吸收。研究认为高磷膳食，比如摄入含高磷的盐并不会影响锌的吸收；而其他膳食来源的磷，如含磷食物和蛋白质丰富的食物以及所有结合锌的化合物都可能减少锌的吸收。④植酸和纤维：几乎存在于所有植物的种子和根茎中的植酸都能抑制锌的吸收。富含高膳食纤维的食物常含有高植酸，但单纯的膳食纤维对锌的吸收没有影响。⑤低分子量配体和螯合物：当锌与低分子量配体或螯合物形成复合物时，可溶性锌含量增加，从而促进锌的吸收。因此，配体、螯合物、氨基酸和有机酸均可提高锌的生物利用率。

3. 锌对人体的健康功能

（1）促进机体生长发育和组织再生功能

锌是调节 DNA 复制、转译和转录的 DNA 聚合酶的必需组成部分，参与蛋白质合成、细胞生长、分裂和分化等过程。因此，缺锌的突出症状是生长、蛋白质合成、DNA 和 RNA 代谢等发生障碍，细胞分裂减少，导致其生长停滞。孕妇在妊娠期间缺锌会导致胎儿的骨骼、大脑、心脏、眼、胃肠道和肺发生先天性畸形，胎儿的死亡率也会上升。对于新生儿，母亲缺锌可能会导致孩子也缺锌，会出现发育迟缓。对于儿童或是成人，缺锌会引发缺锌性侏儒症。同时，锌作为细胞膜的重要组分，在脑细胞膜中，锌水平的高低直接影响细胞结构及其生理功能，进而影响人体的智力和生长发育。此外，锌对于促进性生殖器官发育和维护正常性机能也至关重要。人体缺锌会推迟性成熟，致使性生殖器官发育不全，性机能降低，精子减少，第二性征发育不全，月经不正常或停止，如果及时进行补锌治疗，这些症状都会好转或消失。另外，无论成人或儿童缺锌都会使创伤的组织愈合困难。锌不仅对于蛋白质和 DNA 的合成是必需的，而且对于细胞的生长、分裂和分化的各个过程都是必需的。锌还参与激素的合成及功能发挥，是体内 300 多种酶的重要组成部分，且直接参与基因表达调控，从而影响和调节机体的生长发育。大量研究证实锌对胚胎发育的重要生理功能是通过参与核酸与蛋白质的合成，对细胞的分化，尤其是细胞复制等生命过程产生影响。

（2）参加免疫功能过程，增强免疫功能

除了在改善机体生长和生理功能方面的重要作用外，锌还通过激素平衡调节身体免疫系统。锌可促进淋巴细胞有丝分裂，增强 T 细胞的数量和活力，同时调节外周血单核细胞合成 γ–干扰素、白细胞介素–1 和白细胞介素–6 以及肿瘤坏死因子–α 等的分泌。人体感染时，体内锌重新分配与调整，增强机体抗感染能力。作为胸腺激素功能的关键成分，锌负责促进和控制淋巴细胞成熟来实现各种神经元功能，并通过细胞产生、DNA 复制和细胞分裂帮助免疫系统发育，负责免疫系统反应的机制，包括适应性免疫和先天免疫。在缺锌条件下，个体的免疫系统会增强细胞毒性细胞因子（ROS 发生器），损害造血功能（血细胞成分形成）、体液免疫（分泌抗体）、免疫细胞的存活和功能，可能导致癌症。锌还参与多数球蛋白以及酶的合成，人体缺锌时会使 T 细胞功能受损，引起细胞介导免疫改变，削弱免疫机制，降低机体的抵抗力，使机体易被细菌感染。此外，锌缺乏会对身体防御机制产生不利影响，即巨噬细胞、自然杀伤细胞、多形核细胞和补体级联反应的激活。因此不管是成人还是儿童，如果经常出现免疫力低下，容易感冒，建议到医院进行血锌含量检查。另外，缺锌期间免疫功能的改变可能表现为免疫衰老，例如细胞炎症增加、胸腺萎缩以及体液和细胞免疫反应受损。锌的补充增加了针对肠毒性大肠杆菌感染的适应性和先天免疫，增强了 T 细胞功能和吞噬作用。

（3）在内分泌系统中的功能

锌在骨骼中的浓度较高，对骨代谢至关重要，并且是通过内分泌系统合成激素的重要辅助因子。此外，锌负责增加受体数量，将产生的激素与其特定受体结合。内分泌系统由不同的活动腺体组成，如甲状腺、甲状旁腺、睾丸、卵巢和垂体。缺锌会引起机体的氧化应激，导致人体摄入缺锌饮食时甲状腺功能障碍或通过尿液排出较高的锌。

（4）催化功能

作为酶的组成部分，锌与酶的构成以及活性有密切的关系，有100多种特异性酶含有锌元素。如果缺锌，则会导致机体的一系列代谢紊乱以及病理变化，如含锌酶的活性降低，会引起胱氨酸、蛋氨酸、亮氨酸、赖氨酸的代谢紊乱。对于一些可能的含锌金属酶与疾病的关系，包括酒精性肝病中锌缺乏与乙醇脱氢酶有关，以及胸苷激酶mRNA活性的降低可以在一定程度上导致缺锌动物生长延迟。

（5）维持细胞膜结构功能

锌可与细胞膜上各种基团受体等作用，增强膜稳定性和抗氧自由基的能力。缺锌可造成膜的氧化损伤、结构变形、膜内载体和运载蛋白的功能改变。

（6）促进脑发育与维持认知功能

锌在海马体、下丘脑等大脑边缘系统含量丰富，与脑功能及行为密切相关。大量研究证实，大鼠发育期缺锌可出现大脑先天畸形，成年后缺锌则导致学习记忆功能降低；缺锌还与阿尔茨海默病、帕金森病等神经退行性疾病的发生、发展有密切关系。近年来，研究人员运用神经解剖学、神经生理学、神经生物化学、细胞生物学及分子生物学等多个学科的技术手段，从不同层面探索了锌影响脑发育和行为功能的机制，可能涉及脑中神经递质的含量及其与受体表达、脑中多种酶和功能蛋白质的活性与表达、神经系统信号传导等。

（7）改善消化功能

锌对于维持正常食欲是非常必要的。锌对味蕾细胞的迅速再生起重要作用。锌与唾液蛋白结合成味觉素可增进食欲，人体缺锌时，对味觉系统有不良的影响，导致味觉迟钝，出现食欲、味觉下降等问题，甚至会出现异食癖。

（8）其他功能

锌在临床表现为对眼睛有益，有保护视力的作用。因为锌有促进维生素 A 吸收的作用，缺锌可能会降低视力。锌的存在有助于清除体内胆固醇，抑制癌症的发生。缺锌会使儿童反复出现口腔溃疡。锌还具有维持皮肤健康的功能，缺锌会影响皮肤健康，出现皮肤粗糙、干燥等现象。这时皮肤创伤治愈变慢，易感性增加。

4. 锌缺乏对人体健康的影响

（1）对生长、发育的影响

锌参与了多种蛋白质、核酸的合成和分解代谢以及构成酶的活性，因此，锌缺乏会影响细胞生长、分裂和分化，引起生长、发育缓慢。锌缺乏通过改变维生素 D 受体蛋白表达，从而影响靶基因—钙结合蛋白的表达，进而影响钙的吸收，导致人体骨生成障碍。

（2）对免疫功能的影响

当锌缺乏时，胸腺、脾脏和全身淋巴器官萎缩，细胞体积缩小，增殖细胞减少。外周血粒细胞减少，杀菌力降低；脾吞噬细胞数量减少，吞噬功能和杀菌力均减弱。相关研究发现锌与小儿反复呼吸道感染之间存在着一定关系，反复呼吸道感染患儿的血锌水平要明显低于健康对照组的儿童，对患儿补锌半年后，血锌水平升高，呼吸道感染次数也明显减少。由此可见，补锌可减少反复呼吸道感染发病次数、缩短每次持续时间、减轻呼吸道感染症状等。机体锌缺乏不仅表现为反复呼吸道感染，还会引发消化道感染、复发性口腔溃疡、反复性腮腺炎及伤口难以自愈等。严重锌缺乏不仅造成体液免疫功能低下，而且可能影响人体细胞的免疫功能状态，造成人体细胞免疫功能低下。

（3）对生殖功能的影响

锌与脑垂体功能的关系尤为重要，对维持丘脑—垂体—性腺轴的协调起着不可忽视的作用。锌缺乏可抑制脑垂体促性腺激素释放，使性腺发育不良或性腺的生殖和内分泌功能发生障碍；锌直接参与精子的生成、成熟、激活或获能过程，对精子活力、代谢及其稳定性均具有重要作用；锌能延缓精子膜的脂质氧化，维持细胞膜结构的完整性和稳定性，使精子保持良好活力。目前，学者们也一致认为，适量的锌对精子的生成、成熟是必要的。

（4）对神经、精神的影响

锌作为人体一些重要生物酶的辅酶，是脑细胞结构和功能必不可少的微量元素。锌缺乏可使神经元数目减少，神经髓鞘形成障碍，胎儿大脑发育迟缓。锌是中枢神经系统中的一种神经递质，锌含量的变化可导致中枢神经系统功能紊乱和神经症状，如癫痫、脑瘫、智力障碍及小儿多动症等。目前，对于锌在癫痫发生、发展过程中的作用已有一些研究，但并无明确结论，有待进一步研究。至于癫痫患者体内锌含量的变化，国内外文献报道各异，多数认为，癫痫患者血或脑脊液中锌含量升高，但也有降低者。有学者研究了头发中锌、铅含量与儿童智商的关系，结果显示，头发中微量元素锌与智商呈正相关，智商与铅呈负相关。许多研究发现，儿童多动症患者血锌含量下降。

（5）对味觉的影响

锌缺乏时，口腔黏膜细胞发育不全，易于脱落，阻塞味蕾，这样味蕾细胞就难以感受到食物的刺激，使味觉减退，食欲下降，导致厌食、异食癖等。锌还能增强消化系统中酶的活性，促进消化，增强食欲。

（6）对视力的影响

锌参与肝脏及视网膜维生素A还原酶的组成，对其功能发挥有重要作用，该酶与视黄醇的合成及结构有关。锌缺乏时，由于视黄醇结合蛋白运输系统的合成及功能障碍，难以将肝内储存的维生素A动员和转运出来，血中维生素A减少，血浆维生素A运输效率降低，从而导致内源性运输不良，维生素A缺乏，引起暗适应失常。锌缺乏时，也能使碳酸酐酶活性降低，导致房水产生抑制，使晶状体、角膜等失去营养，易患近视。同时，锌不足使诸酶活性降低，造成晶体内山梨醇不易通过膜渗出，使晶体处于高渗状态，过多的水分进入晶体，结果导致晶体纤维肿胀变凸而造成近视。

（7）对血糖的影响

锌与糖尿病的发生和发展密切相关，及时检测糖尿病患者血锌含量，采取相应措施，纠正糖代谢紊乱，对防止、延迟糖尿病的发生或减轻其程度有一定的临床意义。锌主要分布在胰岛β-细胞的分泌颗粒中，促进胰岛素的合成、分泌、贮存和结构的完整性；锌具有胰岛素样作用，能促进细胞耗糖量而降血糖；锌能协助葡萄糖在细胞上的转运，锌与胰岛素的活性有关；锌还能延长胰岛素的降糖作用，作用于耐糖因子，在组织水平上影响胰岛素的分泌。锌缺乏时，胰岛素敏感性降低，合成受阻，协同作用削弱，拮抗作用增强，由此导致糖代谢紊乱。

（8）锌缺乏与缺铁性贫血

锌缺乏使味觉减退、唾液中的酶减少、味蕾功能发生障碍，出现厌食、摄食减少，而导致或加重缺铁性贫血。另外，锌作为体内许多重要酶的金属成分，含锌酶参与氨基酰丙酸脱水，其是血红蛋白合成时不可缺少的一种酶，直接促进血红蛋白合成，提高铁利用率。同时，锌缺乏使转铁蛋白合成减少，影响铁的转运。因此，缺铁性贫血患者在补铁的同时，也应注意适当补锌，以提高铁的利用率。此外，锌还能维持红细胞膜的稳定性，对抗某些溶血素的破坏作用。

5. 科学补锌

锌与人体健康密切相关，锌缺乏会产生一系列症状和诸多危害，尤其是对婴幼儿及儿童造成更严重的危害，需要重视对锌的补充。虽然锌是人体必需的营养元素，但其在人体中的含量有一定限制，过量补锌同样会对人体造成危害。当成人一次性摄入量超过 2 g 时，会发生锌中毒，导致腹痛、呕吐等症状；长期大量摄入锌还可能会引起慢性中毒，导致贫血。锌是参与人体免疫功能的重要元素，当大量的锌存在时，会抑制吞噬细胞的活性及杀菌力，导致人体免疫功能下降。锌缺乏与锌过量对人体都会造成一定危害，所以应科学合理补锌，才能调节人体营养均衡，促进人体健康。

　　科学补锌可以通过食用一些富锌食物进行，主要有肉类、鱼类、蛋类、牡蛎、蟹、花生、杏仁、土豆等。食物的锌丰度排序大致为：动物内脏 > 动物瘦肉 > 坚壳果类 > 豆类 > 谷类 > 蔬菜 > 多汁果类。根据生物利用率的大小，动物性食物锌利用率要大于植物性食物。对于婴幼儿应提倡母乳喂养，从 4 个月起逐渐添加富含锌的蛋黄等辅食，儿童应粗细粮混食，养成不偏食、不挑食的良好饮食习惯。

　　除了通过食物途径，也可以通过一些补锌药物补锌。补锌应以小剂量、低浓度、短疗程为主，这样不仅可以减少呕吐等副作用，也可以减少对其他营养元素的干扰。补锌效果不明显时，不可以盲目地加大用量或延长治疗时间，并应注意四环素、钙片、青霉胺等药物以及饮茶和进食植物性食物对锌吸收利用的影响。动物性食物及乳糖等可增加锌的吸收利用，治疗时合理配备能提高疗效，儿童补锌时可佐以高锌蛋白或锌强化食品以增加膳食锌量。

　　有研究表明，锌对所有年龄组的人群均表现出有用性，特别是对年轻人和孕妇在基础消化、预防病原体和营养相关疾病方面，主张其在日常膳食中的必要性。此外，不同生理过程中的锌信号传导及其在代谢途径中的酶辅助因子的作用进一步增强了其在人体营养中对身体组织和新陈代谢正常功能的重要性。锌在某些疾病如癌症、肥胖症和糖尿病的病理生理学中也很重要，锌的缺乏会增强对身体的氧化损伤，从而导致引起慢性疾病的细胞损伤。

　　我国居民仍然存在着锌缺乏的问题。不同年龄组锌缺乏情况有所不同，生长、发育期儿童锌缺乏较为普遍；由于地域不同、经济发达程度不同及饮食习惯不同，锌缺乏存在地域差异。锌缺乏不仅会影响儿童生长、发育和智力成长，还会使儿童免疫力下降，诱发多种疾病。因此，在临床上定期及有针对性地对人体内锌含量进行检测，特别是在儿童生长、发育过程中密切关注锌的变化，对于疾病的早预防、早诊断、早治疗具有重要的临床意义。对于锌缺乏者要有针对性地补锌，一般情况下首先选择含锌量高的食物是安全可靠的。同时，依据标准补充食品营养添加剂也是比较安全的，必要时可采取药物补锌，但一定要在医生的指导下进行。

（二）锌对特殊人群的影响

1. 儿童

锌是影响儿童生长发育最重要的微量元素之一，在儿童的免疫力、皮肤和黏膜的状态、骨密度以及智力发育方面都发挥着重要作用。

（1）锌对儿童免疫力的影响

缺锌可使儿童机体免疫球蛋白减少、免疫功能降低，抵抗力低下，从而容易发生感染。如果儿童经常出现感冒发烧，反复呼吸道感染，可能与平日摄取的锌量不足有关。研究证实，机体内正常水平的锌能抑制感冒病毒的繁殖，减少引起炎症的组织胺产生；此外，锌还有助于组织的生长与修复。

（2）锌对儿童皮肤、黏膜的影响

锌对皮肤具有保健功能，使人的皮肤光滑、红润、富有弹性，不易破损和感染。当出现锌缺乏时，皮肤出现粗糙、干燥，并可见上皮角化，皮肤损伤，且损伤后不易愈合，容易引起皮肤感染。如果儿童患有皮肤病，在一般治疗没有好转时，可以试用锌剂治疗。锌还具有保护口腔黏膜的功能，保持黏膜呈粉红色，光滑、湿润和口角完整。缺锌时可使口腔黏膜失去光滑而变得粗糙，黏膜易脱落，易受感染，甚至造成溃疡。儿童因口腔黏膜发炎，常引起疼痛、流涎，影响进食，当用一般治疗方法不见好转时，可尝试补锌治疗。

（3）锌对儿童骨密度的影响

有研究表明，0～6岁儿童低骨密度的发生与锌的缺乏有关。体外研究表明，锌能够抑制骨吸收，并通过某种机制作用于成骨细胞和破骨细胞从而影响骨的再生过程；锌还通过影响胰岛素、生长激素、性激素等的合成与分泌对骨代谢起着重要的调节作用。

（4）锌与儿童厌食

由于锌是味觉素的结构成分，并起着支持、营养和分化味蕾的作用，缺锌导致味蕾细胞的分裂和生长缓慢，味蕾结构发生改变。儿童体内锌缺乏时会出现口腔黏膜增生及角化不全，易于脱落阻塞舌乳头中的味觉小孔，使味蕾难以感受到食物的刺激，从而导致味觉迟钝，食欲下降，引起偏食、厌食甚至异食。另外，锌也参与体内很多酶的合成，机体锌缺乏会影响消化道中一些酶的活性，导致消化功能减退，并同时影响儿童食欲。

（5）锌对儿童智力的影响

锌与儿童智力发育有着重要的关系。现代医学证实，体内锌水平在正常浓度范围内与儿童智商呈正相关。谷氨酸作为脑内神经递质，有促进记忆的功能，由于谷氨酸脱氢酶和谷氨酸脱羧酶均是含锌金属酶，锌的缺乏使其活力下降，使脑内谷氨酸浓度降低进而影响儿童的记忆和学习功能。另外，缺锌时，DNA、RNA 和蛋白质合成减少，糖原及氨基酸代谢紊乱，会影响脑细胞分裂、生长及转化，使脑发育受阻，造成智力低下。

（6）儿童如何补锌？

儿童应科学补锌，对严重锌缺乏者应遵医嘱给予适当锌剂治疗。值得注意的是，当体内锌浓度过高时会引起一系列锌中毒的症状，如心动过速，动脉血管破裂，消化不良性恶心、呕吐和腹泻，胰腺或肝脏的软组织损伤等。而通过饮食补锌，或者食物强化补锌都不会使体内锌浓度达到中毒程度，所以这两种补锌方法是预防和纠正机体锌缺乏较好的方法。

通过饮食来预防儿童锌缺乏，主要有以下 3 种途径：①在食物中强化锌。有资料报道锌和微量元素的联合应用对儿童免疫功能改善的效果最佳。另外，锌的复合物如葡萄糖酸锌因其有着溶解度高，味道柔和以及价格低廉的优点也日益受到营养学家和广大家长的青睐。②在日常生活中注意膳食平衡，多吃锌含量丰富的食品，如瘦肉、禽、肝、蚝、鱼、虾、乳、蛋、豆制品以及绿叶蔬菜等。③从中医的角度分析食物性味功能，对食物进行搭配。

（7）桐城市锌对儿童发育、认知影响分析

①血锌与身体发育

作者课题组以 2021 年 8 月至 2022 年 9 月于桐城市妇幼保健院进行血锌检测及发育评估的 150 名儿童为研究对象，分析血锌与儿童身体及认知发育评价得分的相关性。分别按照儿童血锌水平及社交能力、大动作发育、精细动作发育等 5 类身体及认知发育评价得分，将 150 名 1 ~ 3 岁学龄前儿童分为高血锌组、低血锌组，以及高分组、低分组，分别计算高、低锌组 5 类分项得分均值（表2-1）。

表 2-1　血锌与儿童发育评价得分

组别	发育评价项	均值
高血锌组	社交能力得分	89.51 分
低血锌组	社交能力得分	88.57 分
大动作	高分组血锌含量	8.39μg/ml
	低分组血锌含量	8.33μg/ml
	高分组得分	112.25 分
	低分组得分	91.65 分
精细动作	高分组血锌含量	8.40μg/ml
	低分组血锌含量	8.32μg/ml
	高分组得分	98.94 分
	低分组得分	80.55 分
语言能力	高分组血锌含量	8.56μg/ml
	低分组血锌含量	8.14μg/ml
	高分组得分	100.11 分
	低分组得分	81.48 分

数据来源：桐城市妇幼保健院计划生育服务中心提供儿童血锌检测及发育测评数据。

分析发现，高血锌组儿童的社交能力得分高于低血锌组儿童，并且在大动作、精细动作、语言能力 3 项发育方面，高分组血锌含量均高于低分组，显示血锌含量与该 3 类认知能力得分存在正相关性。

进一步按不同性别和年龄分组分析发现：1 ~ 2 岁男童血锌含量与大动作得分呈显著正相关；2 ~ 3 岁男童血锌含量与适应能力

得分呈显著正相关；3 岁以上儿童血锌含量与语言表达和社交能力得分均呈显著正相关（表 2-2）。以上分析结果说明，儿童血锌含量与认知发育得分存在显著的年龄差异，即锌在不同性别、不同年龄阶段儿童的发育过程中，所发挥的健康促进作用有所不同。各年龄阶段儿童均需要摄入充足的锌，以确保其健康发育，且按不同年龄和性别分组时，锌对男童的影响较女童更为明显。

表 2-2　血锌对儿童发育的影响分析

	认知	替代指标	假设	检验结果
血锌含量	语言表达能力	语言能力得分	正相关	3 岁以上年龄组通过
	社交能力	社交能力得分	正相关	3 岁以上年龄组通过
	大动作	大动作得分	正相关	1～2 岁男童组通过
	适应能力	适应能力得分	正相关	2～3 岁男童组通过

数据来源：桐城市妇幼保健院计划生育服务中心提供儿童血锌检测及发育测评数据。

②环境锌与学生升学率

作者课题组调查了桐城市 10 所地处不同土壤锌浓度环境的初中学校，比较分析 2013—2022 年不同学校学生考入桐城中学（安徽省示范高中，在桐城市属高中排名第一）的升学率。按照桐城市平原农田区锌元素含量水平，将桐城市属主要初中校按所处地理区域锌元素含量水平分为 4 个等级，如表 2-3 所示。处于锌含量第一等级（74.6～85.2 mg/kg）的新安初中、老梅初中和吕亭初中 3 所学校共有学生 6 739 人，升入桐城中学的学生总数为 1 067 人，平均录取率高达 15.83%；处于锌含量第二等级（55.1～74.6 mg/kg）的三星初中、双铺初中和新店初中 3 所学校共有学生 5 849 人，升入桐城中学的学生总数为 790 人，平均录取率 13.51%；处于锌含量第三等级（48.2 ~ 55.1 mg/kg）的陶冲初中和练潭初中 2 所学校共有学生 2 131 人，升入桐城中学学生总数为 287 人，平均录取率13.47%；处于锌含量第四等级（44.2 ~ 48.2 mg/kg）的沙铺初中和石南学校 2 所学校共有学生 1 192 人，升入桐城中学学生总数为 137人，平均录取率仅为 11.49%（表 2-3）。以上初步统计分析数据显示，不同学校初中生的桐城中学平均录取率随着各初中学校所处地理区域土壤锌元素含量的下降而依次降低，反映出桐城中学录取率随各初中学校所处地理区域土壤锌元素含量水平降低而降低的趋势。

表 2-3　2013—2022 年不同学校环境锌与学生升学率

所处地域锌含量等级	初中校名称	桐城中学近 10 年平均录取率（%）
第一等级 （锌含量：74.6 ~ 85.2 mg/kg）	新安初中	15.83
	老梅初中	
	吕亭初中	
第二等级 （锌含量：55.1 ~ 74.6 mg/kg）	三星初中	13.51
	双铺初中	
	新店初中	
第三等级 （锌含量：48.2 ~ 55.1 mg/kg）	陶冲初中	13.47
	练潭初中	
第四等级 （锌含量：44.2 ~ 48.2 mg/kg）	沙铺初中	11.49
	石南学校	

数据来源：桐城市属各主要初中校统计资料。

进一步分析以上各初中学校所处地理环境锌元素含量与近 10 年桐城中学升学率之间的相关性，发现相关性显著。2013—2022 年桐城市 10 所初中学校学生历年被桐城中学录取率分析结果显示，2018 年、2020 年和 2021 年学校所处环境锌水平与各校的桐城中学录取率呈显著正相关，其他年份相关性不显著。

2. 妊娠期妇女

（1）妊娠期锌的代谢变化

孕妇与健康未孕妇女血中锌的平均浓度不同，正常时人体内的锌水平仅接近机体的需要量。健康未孕妇女血清锌含量为0.08 ~ 0.11 mg。妊娠期由于血液被稀释，人体血清白蛋白减少，锌与蛋白结合的亲和力下降，胎儿锌需求的增加及母体内分泌平衡的改变，均可以影响体内总锌量和血清锌水平的正常关系。因此妊娠期补锌不仅要考虑缺锌，还应补充其机体消耗及胎儿生长发育所需的锌。母体、脐血及羊水中锌含量不同，足月时脐血中锌含量比母体血清锌含量高，说明胎儿生长发育需要一定量的锌，尤其在妊娠晚期锌的需要量增加，因此，在妊娠期应注意对锌的补充。

（2）锌与胎儿生长发育的关系

研究显示，正常的妊娠早期妇女血清锌与未孕妇女无明显差异，血清锌水平从孕 12 周开始下降，孕 34 ~ 35 周达最低值。因此，在妊娠晚期应该尤其注意孕妇是否出现锌缺乏的状态。动物实验表明，锌缺乏会影响胎儿的发育。在整个妊娠期饲以缺锌食物的大白鼠产子较少，且子代也因多种异常而致生长迟缓，甚至出现畸形，包括头颅畸形、连趾等。类似的缺陷在缺锌的小白鼠、母猪及母羊中也同样出现。在妇女妊娠期缺锌可导致低体重儿的出现，其机理为：一方面母、胎间转运量降低，胎儿体内锌含量减少而影响 DNA 和 RNA 聚合酶活性及核酸蛋白质的合成；另一方面是锌能干扰前列腺素合成，孕妇缺锌会引起胎盘灌注量减少。另外，缺锌对吸烟及饮酒过度的孕妇的影响更为严重。有吸烟史的孕妇分娩出极低体重儿的概率比非吸烟者明显增高，其新生儿体内的锌水平也较低。一些研究表明，酗酒孕妇血浆中锌含量低于没有酗酒史的孕妇。酒精影响胎儿锌代谢的机制有两方面：一方面通过胎盘的锌减少；另一方面通过尿流失增多。

（3）锌与妊高征的关系

据统计孕妇普遍存在锌不足的情况，高危妊娠妇女比正常孕妇更明显，在高危孕妇中胎儿畸形、重度妊高征更严重。研究发现，在中度、重度妊高征妇女中血清锌水平均低于正常对照组，并且认为锌水平低是因为重度妊高征引起肝、肾损害，血浆蛋白（包括与锌结合的蛋白质）减少及肾上腺皮质功能增强所致，提示妊高征与微量元素锌存在一定的因果关系。正常孕妇胎盘中锌浓度也显著高于先兆子痫的孕妇。

（4）锌与异常分娩的关系

目前较多研究表明，微量元素锌与异常分娩之间存在显著关系。动物实验表明：低锌喂养的动物异常分娩发生率较高，常伴产程延长，不协调宫缩。对人群的研究也证实，锌与最后分娩方式密切相关，血清锌水平正常的孕妇与锌缺乏的产妇相比，分娩时产程短、出血少，产时并发症少。因宫缩乏力使用产钳助产及剖宫产的产妇血浆锌水平明显低于正常分娩者。锌对肌肉收缩的生理作用尚不完全清楚，有的学者认为子宫肌细胞缝隙连接的快速形成是分娩启动及进行的重要因素。血锌水平低可能影响依赖激素的子宫肌细胞缝隙连接的形成。还有人发现子宫肌浆蛋白质的活性依赖于摄入的锌水平。所以锌是子宫肌肉活动中所必需的，锌缺乏可引起子宫肌肉的反应性低下，从而导致子宫收缩失调，引起分娩异常。

（5）妊娠期妇女如何补锌？

综上所述，锌元素在孕期营养中占有重要的地位，缺锌引起的不良妊娠结果不容忽视，除了上文中列举出的不良妊娠结果外，锌缺乏还会导致妊娠期妇女与胎儿出现其他的不良后果。通过检测中孕期先天性心脏病胎儿母体全血锌的含量，研究发现其全血锌浓度低于无畸形胎儿母体，提示孕妇锌缺乏可能是胎儿发生先天性心脏病的原因之一。因此，在妊娠期必须注意补锌。

最理想的状态是预防妊娠期妇女锌缺乏的发生。锌元素主要从食物中摄取，世界上锌缺乏的人群主要分布在以谷物为主食，而动物蛋白质摄入极少的国家或地区。边缘性锌缺乏在发展中国家和发达国家均较普遍，后者可能与饮酒、嗜烟、自我限制饮食以及精制食品增加导致微量元素摄入减少有关。孕妇应注意食用维生素及微量元素含量丰富的食物，来降低妊娠并发症的发生率。氨基酸多肽可促进锌吸收，所以在补锌的同时，也可适当增加蛋白质的摄入。对严重锌缺乏者应适当给予锌剂治疗。孕期补锌的最佳时间是在怀孕中期。因为怀孕中期是胎儿身体发育的一个重要时期，如果孕妇此时体内缺锌就有可能会导致胎儿出现生长发育缓慢，并且会影响到胎儿的神经发育，给胎儿带来极大的危害。但是，孕妇必须合理适量地补充锌制剂，必须经过化验后在医生的指导下进行补充，切记不可以自行补充，以防止体内锌过量导致锌中毒的现象，或者出现因过多服用锌制剂影响铁和铜的吸收，造成缺铁性贫血和难治性缺铜性贫血。

（三）锌在食物中的丰缺状况

锌在人体中的功能无法替代，且人体内无法合成，必须从食物中摄取。世界上约有 20 亿人患有锌缺乏症，这种现象大部分出现在低收入或者中等收入国家，由于经济状况的限制，大部分居民对于铁和锌含量相对较高的食物消费水平较低（如肉类和牛奶），而水稻和小麦就成为他们重要的主食，世界上有一半以上的人口选择这两种谷物为主食，巧合的是，它们也是大多数缺乏铁和锌的人的主食。不同的食物含锌量存在着差异，食物中锌含量大小的排列次序大致为动物性食物＞豆类＞谷类＞水果＞蔬菜，因此以谷类食品为主，吃肉类和豆类较少甚至不吃，尤其是长期食用精制米面制品的人群更容易缺锌。

当今世界人口仍然在不断地增长，为了满足人们生存的需要，提高作物产量在过去的几十年里一直是作物育种的重点。截至目前，虽然高产的现代作物品种已经成功培育出来，供给量已经得到了满足，但是人们忽视了粮食作物品质对环境和人体健康的影响，导致作物中含有的微量营养素较低。尤其是在发展中国家，居民的饮食习惯多以此类高产量低微量元素的作物为主食，并且在粮食加工过程中去除了含有大量铁和锌的糊粉层，虽然对于大部分人来说，大米和小麦为他们提供了足够的碳水化合物，但是却没有足够的铁和锌等微量元素的补充，导致营养不良，这种营养不良也被称为"隐性饥饿"。此外，籽粒中的植酸容易与 Fe^{3+}、Zn^{2+} 等结合形成不溶配合物，而人体消化系统中缺少水解植酸的酶，直接影响锌的吸收，因此，在以植物性食物为主食的发展中国家人群中，锌等微量元素缺乏较为普遍。

（四）锌米的健康功效

随着社会经济的发展，人体健康和生活质量的提升得到越来越多的关注，为了改善人体的锌营养健康，人们一直在积极寻找各种可行的补锌措施，目前采取的主要策略包括以下几种。①药物防治，即直接服用补锌药物，如硫酸锌、乳清酸－精氨酸锌、甘草酸锌、葡萄糖酸锌等；②饮食多样化，即多食富锌食物以增加人体对锌的摄入量，其中肉类、蛋类、牡蛎、蟹、花生、杏仁、马铃薯等含锌量较高；③食品强化，即在食品中添加锌；④生物强化，即通过育种和栽培途径，提高粮食作物籽粒中微量元素的含量和生物有效性，提高作物可食用部分锌含量，通过主食提供人体所需的锌，如营养功能稻米，这种稻米是在水稻生长发育过程中通过以微量元素富集技术为核心而培育出的具有高含量微量元素营养的稻米。这种稻米的微量元素含量显著地高于普通稻米，但其微量元素形态却与普通稻米一样，均具有高活性的生物态，这就是天然的营养米。由于无机态的微量元素养分是在水稻生长发育过程中被吸收进植物体的，它们经天然有机化后转化合成为稻米的有机成分，无毒性，其生理活性高，易被人体吸收。食用此种稻米的优点在于不必再专门补充硒、锌、铁等微量元素，日常的膳食也就成了补硒、补锌、补铁的过程。这被认为是一种安全、经济、稳定、有效的策略。药物防治、食品强化、生物强化及饮食多样化等措施已在发达国家广泛推广应用并取得了良好的效果，但由于发展中国家经济技术相对落后，政策扶持有限，上述措施所发挥的作用有限，且发展中国家人群的饮食习惯多以含锌量较低的谷物类为主，导致在发达国家行之有效的措施在发展中国家无法得到很好的实施。

我国作为世界上最大的发展中国家，主要的粮食作物包括玉米、小麦、稻米这三大类，我国居民膳食也是以谷类为主，通过膳食来补充锌逐渐走进了大众视野，得到了越来越多的关注。锌米就是锌含量高于一般大米的大米品种。增加大米中锌的含量，主要有两种途径：一是增加大米生长过程中天然合成的锌量，二是后期加工过程中添加锌。而天然合成途径因其为有机锌且具有吸收利用率高等优点受到广大消费者青睐。这种锌米不仅能吸收利用土壤中的锌，而且能把它转运到大米的食用部分中去。

锌米凭借着自身的高锌含量，拥有普通大米没有的一些功能。锌米中锌的含量是普通大米的3倍。普通大米中的锌，不仅含量很低，而且大都贮存在种皮、糊粉层和胚中，这些都会随着大米的加工而流失。而锌米中所含的锌主要贮存在人们日常食用的胚乳中，经过多次加工和淘洗，都不会流失，从而保证了锌米在人们日常饮食中锌含量的稳定，同时锌米也能够满足人体对锌的需求。

日常生活中食用这种锌米，对人体最大的益处就体现在可以发挥补充锌的作用，改善一些由锌缺乏而导致的发育不良、食欲不振、免疫力低下、视力受损等问题。食用锌米可以促进人体的生长发育，处于生长发育期的儿童、青少年如果缺锌，会导致发育不良，缺乏严重时，甚至会导致"侏儒症"和智力发育不良。此外，锌米还可以维持人体正常食欲，缺锌会导致味觉下降，出现厌食、偏食甚至异食。有些家长认为孩子长不高、吃不胖，比同龄人要瘦小好多，是因为孩子吃得少、挑食而导致的，往往忽视了是否是因为某些微量元素不足而导致孩子生长发育受限，锌缺乏对孩子的成长有很大的影响。还有一些孩子体弱多病，免疫力低下，也有可能是因为体内锌缺乏造成的，而食用这种锌米也可以增强人体免疫力，锌元素是促进免疫器官胸腺发育的营养素，只有锌量充足时才能有效保证胸腺发育，正常分化 T 淋巴细胞，促进细胞免疫功能。此外，补充锌对于促进伤口和创伤的愈合以及治疗皮肤病也有很大的作用。锌缺乏还会影响维生素 A 的代谢和正常视觉，锌在临床上表现为对眼睛有益，就是因为锌有促进维生素 A 吸收的作用，维生素 A 平时储存在肝脏中，当人体需要时，将维生素 A 输送到血液中，这个过程是靠锌来完成"动员"工作的。另外，食用锌米对心血管系统也很有益处。锌是血管紧张素转换酶的活性中心，能激活血管紧张素酶参与血压的调节。通过食用锌米来补充锌，可预防或延缓高脂血症的发生。对于恶性肿瘤，食用锌米对致癌物质有一定的抑制和抵抗作用。缺锌会引起组织脂质基本脂肪酸成分的改变，导致细胞膜损伤，进而导致肿瘤的形成。通过对人体食道癌标本的试验证实，食道癌组织中锌含量显著低于正常组织和正常人食管组织中锌含量。有报道认为锌的变化与肝癌的发生发展有很大关系，认为机体缺锌时，组织细胞老化，免疫力下降，上皮细胞容易受到致癌物质侵害，发生癌变。而在抗衰老方面，随着年龄的增长，自由基在体内不断积累，造成机体组织不断老化。而锌是超氧化物歧化酶的主要成分，超氧化物歧化酶的功能是对机体起保护作用。锌还能提高 DNA 的复制能力，加速 DNA 和 RNA 的合成过程，使老化细胞得以更新，从而增强生命活力。锌及其他微量元素的缺乏会使超氧化物歧化酶活性降低，脂质过氧化物升高，组织损坏加重，加速老化的发生。因此，食用锌米对于抗衰老也有一定的作用。

　　总之，通过食用锌米可以补充人体锌元素的不足，从而达到营养保健防病的功效。这种天然的锌生物营养强化大米无毒性，其生理活性高，易被人体吸收。儿童、青少年正值身体发育的阶段，膳食健康非常重要，而往往有许多家长忽视了相关微量元素的补充，认为孩子吃的饭越多，补充的营养也就越能达到人体需要量，即使有些家长意识到微量元素补充的重要性，但是在孩子日常饮食中，也不能确保孩子按时对一些微量元素补充剂或者药剂进行摄入，因此日常饮食中食用锌米也就成了补锌的过程，就像人们饮食中吃盐补碘一样，不必为了营养不足或者对营养补充的遗忘而烦恼，补锌过程简捷而方便。

三、桐城锌米营养特点

（一）宏量营养素

1. 蛋白质

籼米（标一）的蛋白质含量为 7.70 g/100 g，而桐城高锌区域大米蛋白质含量为 6.49 g/100 g，桐城一般区域大米蛋白质含量为 7.25 g/100 g。究其原因，是为了追求外观晶莹透亮、入口粗糙感下降、储藏期安全而进行了过度加工，碾磨中糊粉层丢失较多，导致蛋白质、铁含量较低。其中，消费者对外观和口感的喜好起了主要作用，应加大食育教育，让大众对精米、精面的购买与食用有一个正确认识，从而逐步改变市场上精米、精面占主导地位的格局。

2. 脂肪

桐城高锌区域大米脂肪含量为 0.9 g/100 g；桐城一般区域大米脂肪含量为 0.7 g/100 g，与籼米（标一）的脂肪含量相同。

3. 碳水化合物

桐城高锌区域大米碳水化合物含量为 78.2 g/100 g；桐城一般区域大米碳水化合物含量为 79.4 g/100 g，与籼米（标一）的碳水化合物含量相当（表 3-1）。

表 3-1　桐城锌米与其他谷类食物的宏量营养素含量比较　单位：g/100 g

营养成分	桐城高锌区域大米	桐城一般区域大米	籼米（标一）	粳米（标一）
蛋白质	6.49	7.25	7.70	7.70
脂肪	0.9	0.7	0.7	0.6
碳水化合物	78.2	79.4	77.9	77.4

注：桐城大米检测数据由编者实际检测，其他数据参考《中国食物成分表》（2009）。

（二）微量营养素

1. 维生素

（1）B 族维生素

桐城高锌区域大米和一般区域大米维生素 B_1 含量低于籼米（标一）的维生素 B_1 含量。桐城高锌区域大米和一般区域大米维生素 B_2 含量均高于籼米（标一）的维生素 B_2 含量。

（2）维生素 E

桐城高锌区域大米和一般区域大米维生素 E 含量均低于 120 μg/100 g，籼米（标一）的维生素 E 含量为 430 μg/100 g。

（3）β-胡萝卜素

桐城高锌区域大米和一般区域大米 β-胡萝卜素含量均低于 1.5 μg/100 g（表 3-2）。

表 3-2　桐城锌米与其他谷类食物的维生素含量比较

营养成分	桐城高锌区域大米	桐城一般区域大米	籼米（标一）	粳米（标一）
维生素 B_1（mg/100 g）	＜ 0.1	＜ 0.1	0.15	0.16
维生素 B_2（mg/100 g）	0.07	0.07	0.06	0.08
维生素 E（μg/100 g）	＜ 120	＜ 120	430	390
β- 胡萝卜素（μg/100 g）	＜ 1.5	＜ 1.5	0	0

注：桐城大米检测数据由编者实际检测，其他数据参考《中国食物成分表2009》。

2. 矿物质

桐城含锌区域大米锌含量高达 19.6 mg/kg，桐城一般区域大米锌含量为 15.2 mg/kg，均显著高于籼米（标一）的锌含量 14.6 mg/kg（表 3-3）。除锌含量高于籼米（标一）外，桐城含锌区域大米钾含量与籼米（标一）钾含量相当，桐城一般区域大米钾含量显著高于籼米（标一）的钾含量。桐城含锌区域大米与一般区域大米钠含量均显著低于籼米（标一）的钠含量，桐城锌米是高钾低钠的营养主食。

表 3-3　桐城锌米与其他谷类食物的矿物质含量比较　　　　单位：mg/kg

营养成分	桐城高锌区域大米	桐城一般区域大米	籼米（标一）	粳米（标一）
锌	19.6	15.2	14.6	14.5
硒	0.03	0.04	0.04	0.03
钙	96.9	47.4	70.0	110.0
铁	12	＜ 3	13	16
钾	818	988	890	970
钠	17.6	14.7	27.0	24.0

注：桐城大米检测数据由编者实际检测，其他数据参考《中国食物成分表》（2009）。

四、锌米食用推荐

（一）我国居民膳食锌摄入情况

目前，世界上还有大量人口存在锌摄入量不足，锌缺乏对人体的生长发育、免疫能力、生殖功能以及神经系统等多种生理功能产生不利影响，给社会和个人都带来了较大的医疗和经济负担。近年来很多人研究膳食锌及锌补充剂对健康的影响。He et al.（2021）利用中国健康与营养调查数据，发现对 16 257 名参与对象随访 9 年后，锌摄入与新发糖尿病呈"U"形曲线，拐点是 9.1 mg/d。研究发现锌摄入充足能降低成年女性的舒张压和空腹血糖，但升高了人群的血甘油三酯水平。因此，还需要进一步的循证研究探讨膳食锌及锌补充剂与健康的关系。

1. 我国人群血清锌水平和膳食锌摄入状况

近年来，尽管我国居民锌摄入状况得到了一定程度的改善，但仍存在锌摄入不足的现象。《中国居民营养与健康状况监测报告（2010—2013）》显示，全国城乡居民平均每标准人日锌摄入量为 10.7 mg，达到或超过推荐营养素摄入量的比例为 46.6%。中国疾病预防控制中心营养与健康所分析了 2015 年中国成年人慢性病与营养监测数据，发现 18 ~ 60 岁成人血清锌缺乏率为 6.04%，60 岁以上老年人血清锌缺乏率较高，为 8.68%。2015 年中国营养转化队列研究显示 18 ~ 64 岁人群平均锌摄入量为 10.2 mg/d，该群体中 31% 的人低于平均摄入量。但是 2015 年中国成年人慢病与营养监测研究发现 80 岁以上老年人锌平均摄入量仅为 7.3 mg，其中 60% 以上的人低于平均摄入量。《中国居民营养与慢性病状况报告（2020）》显示，我国 3 ~ 5 岁儿童、6 ~ 11 岁儿童、12 ~ 17 岁儿童和青少年、18 ~ 59 岁居民以及 60 岁以上居民的锌摄入量分别为 6.3 mg、8.0 mg、9.8 mg、9.9 mg 以及 9.0 mg，分别占各个年龄段推荐摄入量的 63.0%、61.5%、60.3%、70.7% 和 75.0%，均没有达到推荐摄入量的水平。由此可见，我国居民对锌的摄入量还很不足，有待进一步提高。

2. 母乳锌水平

母乳锌水平对于制定婴儿及孕妇膳食营养素参考摄入量均很重要。最近我国多项研究开展了母乳中营养成分的测定，取得了丰富的数据。来自北京、苏州、广州三地健康乳母乳汁的锌水平从 5 ~ 11 天的（3.9±1.5）mg/kg 逐步降低至 121 ~ 240 天的（1.3±0.5）mg/kg。北京城郊乳母的初乳、过渡乳和成熟乳中锌水平分别为（3.2±2.4）mg/L、（2.1±0.9）mg/L 和（1.8±1.2）mg/L。中国疾控中心营养与健康所的实测值为（1.65±1.16）mg/L。

3. 我国居民膳食锌参考摄入量

（1）适宜摄入量

适宜摄入量（AI），是某个健康人群能够维持良好营养状态的平均营养素摄入量。它是通过对群体而不是个体的观察或实验研究得到的数据。AI 与真正的平均需要量之间的关系不能肯定，只能为营养素摄入量的评价提供一种不精确的参考值。AI 的主要用途是作为个体营养素摄入量的目标。当健康个体摄入量达到 AI 时，出现营养缺乏的危险性很小。

6 个月内婴儿适宜摄入量，母乳锌含量选择 284.4 μg/100 g，母乳平均摄入量为 780 g，则 6 个月内婴儿每日来自母乳的锌摄入量为 2.22 mg，按 0.5 取舍后，6 个月内婴儿适宜摄入量为 2.0 mg/d。

（2）平均需要量和推荐摄入量

平均需要量（EAR），是指某一特定性别、年龄及生理状况群体中的所有个体对某种营养素需要量的平均值。按照 EAR 水平摄入营养素，根据某些指标判断可以满足这一群体中 50% 个体需要量的水平，但不能满足另外 50% 个体对该营养素的需要。

推荐摄入量（RNI），是指可以满足某一特定性别、年龄及生理状况群体中绝大多数个体（97% ~ 98%）需要量的某种营养素摄入水平。长期摄入 RNI 水平，可以满足机体对该营养素的需要，维持组织中有适当的营养素储备和机体健康。RNI 的主要用途是作为个体每日摄入该营养素的目标值。

6 ~ 12 月龄婴儿:6 ~ 12 月龄婴儿锌的平均摄入量为 2.8 mg/d，推荐摄入量为 3.5 mg/ d。

儿童：① 1 ~ 3 岁、4 ~ 6 岁、7 ~ 10 岁儿童锌的平均摄入量分别为 3.19 mg/d、4.62 mg/d 和 5.88 mg/d；推荐摄入量分别为 3.83 mg/d、5.50 mg/d 和 7.00 mg/d。② 11 ~ 13 岁儿童：男孩和

女孩锌的平均摄入量分别为 8.15 mg/d 和 7.57 mg/d；推荐摄入量分别为 10.0 mg/d 和 9.0 mg/d。

青少年：14 ~ 18 岁男孩和女孩锌的平均摄入量分别为 9.69 mg/d 和 6.93 mg/d；推荐摄入量分别为 11.5 mg/d 和 8.5 mg/d。

成年人：成年男性、女性锌的平均摄入量分别为 10.35 mg/d、6.13 mg/d；推荐摄入量分别为 12.5 mg/d 和 7.5 mg/d。

孕妇：孕妇的平均摄入量为 7.78 mg/d；推荐摄入量为 9.5 mg/d。

乳母：哺乳期妇女锌的平均摄入量为 9.94 mg/d；推荐摄入量为 12.0 mg/d。

（3）可耐受最高摄入量

可耐受最高摄入量（UL），既是营养素或食物成分的每日摄入量的安全上限，也是一个健康人群中几乎所有个体都不会产生毒副作用的最高摄入水平。对一般群体来说，摄入量达到 UL 水平对几乎所有个体均不致损害健康，但并不表示达到此摄入水平对健康是有益的。对大多数营养素而言，健康个体的摄入量超过 RNI 或 AI 水平并不会产生益处。因此，UL 并不是一个建议的摄入水平。目前，有些营养素还没有足够的资料来制定 UL，并不意味着过多摄入这些营养素没有潜在的危险。

成年人锌的可耐受最高摄入量为 40 mg/d。1 ~ 3 岁、4 ~ 6 岁、7 ~ 10 岁、11 ~ 13 岁和 14 ~ 18 岁儿童锌的 UL 分别为 8 mg/d、12 mg/d、19 mg/d、28 mg/d 和 35 mg/d（表 4-1）。

表 4-1　中国居民膳食锌元素参考摄入量（DRIs）　　单位：mg/d

年龄与阶段	EAR		RNI		UL
	男	女	男	女	
0 岁 ~	—		2.0（AI）		—
0.5 岁 ~	2.8		3.5		—
1 岁 ~	3.2		4.0		8
4 岁 ~	4.6		5.5		12
7 岁 ~	5.9		7.0		19
11 岁 ~	8.2	7.6	10.0	9.0	28
14 岁 ~	9.7	6.9	11.5	8.5	35
18 岁 ~	10.4	6.1	12.5	7.5	40
50 岁 ~	10.4	6.1	12.5	7.5	40
65 岁 ~	10.4	6.1	12.5	7.5	40
80 岁 ~	10.4	6.1	12.5	7.5	40
孕妇（早）	—	+1.7	—	+2.0	40
孕妇（中）	—	+1.7	—	+2.0	40
孕妇（晚）	—	+1.7	—	+2.0	40
乳母	—	+3.8	—	+4.5	40

注：未制定参考值者用"—"表示。

"+"表示在同龄人群参考值基础上额外增加量。

在我国，米、面及其制品是城乡居民膳食锌元素的主要食物来源，大概占到总膳食中锌摄入的一半，而从动物性食物获得的锌所占的比例较低。但事实上，谷类食物中锌的生物利用率较低，仅为20% ~ 40%。而动物性食物如鱼、肉、肝、肾以及贝类食品含锌丰富，利用率也高。所以对于人群的营养干预首先应该从调整膳食结构入手，向公众普及相关知识，适当地增加动物性食物来源的锌摄入，尤其优先选择瘦肉、禽肉、蛋类、鱼及其他海产品等，这样既可以有效地预防锌缺乏，又可避免因脂肪摄入过多而增加患慢性病的危险。

4. 推荐食用富锌大米的原因

世界上仍有大量人口缺乏铁、锌、维生素 A 等微量元素，并且这一趋势仍在不断加剧，微量元素的缺乏已成为影响人类健康的重要因素。微量元素在自然界中广泛存在，但人体却不能自身合成，必须在膳食中得以补充。发展中国家的膳食构成基本上以谷物为主，对可有效供给微量元素的动物性食品的摄取较少。稻米是世界 2/3 人口的主食。在以稻米为主食的国家中，平均每人每年的稻米消耗量为 62 ~ 190 kg。因此，微量元素缺乏在以谷物为主食的发展中国家和欠发达地区非常普遍。其中，铁缺乏症最为严重，影响着全球约 20 亿人口；锌缺乏症在发展中国家也十分普遍，全球每年近 80 万儿童因缺锌致死。

有研究将富锌营养米与其他品种的米（东北大米和泰国香米）的成分做比较，发现富锌稻米的主要营养成分含量与东北大米和泰国香米相差不大。而在微量元素的比较中，富锌稻米的锌含量比东北大米和泰国香米多了近两倍。所以，通过食用富锌营养米来提高锌缺乏人群体内锌的水平是一个很好的选择。

（二）一般人群锌米食用推荐

锌元素是人体必需的微量元素，并且体内有近 400 种酶的活性与锌有关，共有 160 多种酶为含锌酶，当锌缺乏时会影响到酶的活性，进而影响整个机体的代谢，关系到人体的生长和发育，而通过摄入富含锌的食物来预防机体出现锌缺乏是首选途径。甄燕红等

（2008）测定了全国 6 个地区（华东、东北、华中、西南、华南、华北）91 个品种的大米样品的硒、锌含量，结果表明，锌含量的平均值为 15.4 mg/kg。而优质锌米的硒、锌含量远远高于全国平均水平，其锌含量的平均值为 23.9 mg/kg。

目前，关于锌米的居民膳食摄入推荐量还没有一个定论。根据中国营养学会推荐，成人日谷物量摄入 300 ~ 500 g，假如全部按大米算，如果摄入的是富锌米，锌含量是 23.9 mg/kg，则日锌摄入量为 7.17 ~ 11.95 mg，达到成人日锌推荐摄入量（15 mg/d）的 47.8% ~ 79.6%。

需要注意的是富锌营养米尽量不要过度加工和淘洗很多次，因为米糠里也含有锌，常规的大米加工方式要削碾掉部分大米果皮，这是造成锌流失的原因之一。

（三）特殊人群锌米食用推荐

易出现锌缺乏的人群有儿童和妊娠期妇女。除此之外，男性以及大病初愈的患者也应注意及时补充锌。男性及时补锌有助于保证精液质量，提高射精后 1 h 内的妊娠率，降低胎儿畸形的发生率。一些严重烧伤的患者往往会出现锌的大量丢失而引起锌缺乏，并且，皮肤烧伤后在上皮生长与组织修复过程中对锌的需求明显增多，缺锌时创面上皮细胞 DNA 和胶原合成减少，创面愈合受阻，而补锌后创面愈合加快。所以儿童、妊娠期妇女、男性以及烧伤后患者都应注意补锌，可以遵医嘱选择锌剂来改善机体的营养状况，也可通过食用含锌量高的食物来提高机体内锌的水平，除了食用富含锌的动物性食物，如鱼、肉、肝之外，还可以选择摄入富锌营养米来改善机体缺锌的状态。

（四）桐城锌米食用形式推荐

1. 锌米饭（图 4-1）

食材：桐城锌米

做法：

- 取锌米适量，淘洗干净，挑出杂质；浸泡 1 h。
- 砂锅中加入适量清水，加入泡好的锌米。
- 放入蒸锅大火烧开，转小火蒸 20 min 即可。

图 4-1　锌米饭

2. 锌米粥（图 4-2）

食材：桐城锌米

做法：

- 取锌米适量，淘洗干净，挑出杂质；浸泡 1 h。
- 砂锅中加入适量清水，加入泡好的锌米。
- 用大火烧开，转文火煲 50 min 即可出锅食用。

图 4-2 锌米粥

3. 锌米稀（图 4-3）

食材：桐城锌米、芡实、核桃、红枣

食用方法：

- 将一袋锌米稀倒入杯中。
- 加 85 ℃左右适量开水边倒边搅拌，直至糊状。
- 静置至温度适宜即可食用。

图 4-3 锌米稀

4. 锌炒米（图 4-4）

食材：桐城锌米

做法：

- 把锌米用开水浸泡 1 h 左右，中间可以换一次开水。泡至锌米发白，用手可以轻松捻断。
- 把锌米用凉水冲洗片刻，沥干备用。
- 铁锅中加油烧热，倒入沥干水分的锌米翻炒，保持中小火翻炒至米粒金黄出香味关火。
- 炒好的炒米用保鲜袋密封保存。

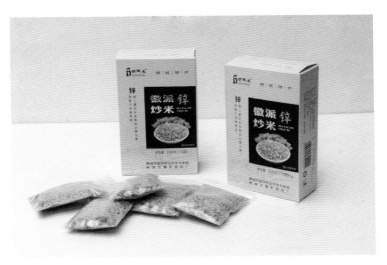

图 4-4　锌炒米

5. 桐城丰糕（图 4-5）

食材：桐城锌米

做法：

- 首先选取上等的锌籼米，洗净后放入水里浸泡数日，大概浸泡五六天，让每一粒米充分地吸收足够的水分。把米质泡至松散，这样才能磨出好的浓郁的米浆。

- 浸泡好的大米放入机器内打磨，磨成米浆，搅匀以后进行发酵。

- 发酵完成后进行蒸制前的调配。

- 调配好后，进行蒸制，蒸笼要一笼笼地上。取糕粉适量，下碱水中和，上笼前再下适量小苏打水"提泡"。如蒸"荤糕"，同时放入一些切成 1 cm 见方的板猪油块。上笼时要用猛火。约蒸 40 min，上第二笼，同时将前一笼调至高格。如此一笼笼地上，直至手够不上时为止。

- 取糕时，可用一只筷子从糕的正中插入，如拔起时不粘糕，说明糕已熟透即可取笼。取出的糕，放置通风处晾十多分钟，即可用食用色素在糕面上书写吉祥语等，以表达人们美好的愿望。有些一笼成一体的片状大糕可用刀子在锅中切块取出，即可食用。

图 4-5　桐城丰糕

6. 锌米线（图4-6）

食材：桐城锌米线

做法：

- 一小锅水烧开，放入所需量的干锌米线，关火，焖10 min，然后捞出米线放入冷水中备用。
- 油锅烧热爆香葱、姜、蒜末，把肉末炒熟，加入料酒、盐、糖、鸡精等调料。
- 炒好的肉末里加入高汤烧沸。
- 捞出米线加入肉末烧制的汤汁，再加入油辣椒、葱花、胡椒粉调匀。

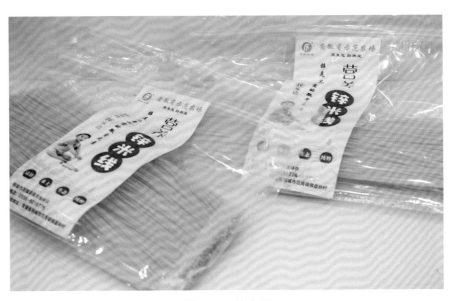

图4-6 锌米线

7. 孔城米饺（图4-7）

食材：桐城锌糯米

做法：

- 选用糯米和大米，按照一定的比例搭配在一起，将上乘锌米注水浸泡入骨。

- 捞起放进碓臼舂成米泥。

- 用开水冲泡，不断搓揉，搓拉成条，掐成一个个"剂子"。

- 制作米饺饺皮较独特，用擀面杖擀成一张张薄薄的圆形饺皮。

- 包上肉（青菜、豆沙）馅。

- 上笼蒸熟，即可出锅食用。

图 4-7　孔城米饺

8. 麻丰糕（图 4-8）

食材：桐城锌糯米、芝麻、白糖

做法：

- 先将糯米炒熟磨碎。

- 筛出精粉。

- 以特殊工艺使其适当潮润。

- 摊置。

- 用时，精料调配、研匀，用文火蒸炖使其熟透。
- 加工成形，即可直接食用。

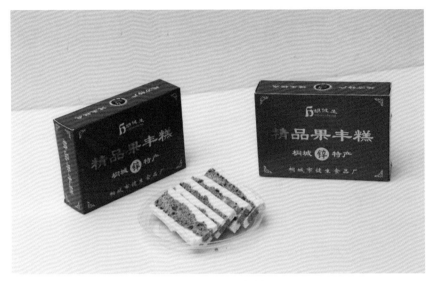

图 4-8　麻丰糕

五、富锌大米的产业发展状况

（一）土壤资源状况

2021 年安徽省地质调查院（安徽省地质科学研究所）调查结果显示大沙河流域土壤锌含量范围是 41.1 ~ 220.4 mg/kg，平均含量 89.3 mg/kg，分布较均匀，明显高于安庆市和全省土壤平均值。土壤锌含量总体呈中部高、东西低的空间分布特征，双新产业园、三友村和新渡镇呈高背景—高值分布，青草镇呈低背景—低值分布。双港镇约 2/3 面积为高背景—高值分布，1/3 土壤区呈低背景—低值分布（图 5-1）。

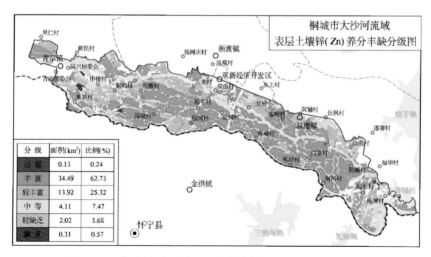

图 5-1 大沙河流域表层土壤锌养分丰缺分级示意图

富锌土壤相对集中分布于大沙河主河道南岸。其中，青草镇里仁村、吉庆村、同庆村、中楼村北部及朝阳村—梅城村一带，新渡镇云水村北部、双墩村、柏年村、徐河村及合城村，双新产业园三友村，双港镇福桥村、青城村、郑圩村、白果村、南河村、民畈村、徐杉村、山明村南部及练潭村东南与南部为主要分布区（图5-2）。

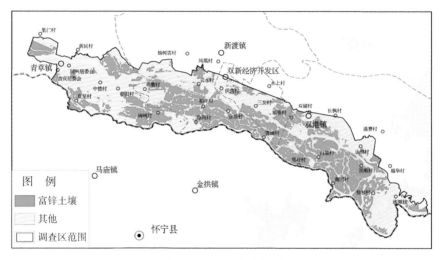

图5-2　大沙河流域富锌土壤分布示意图

绿色富锌土壤主要分布于青草镇里仁村、中楼村及吉庆村—梅城村一带，新渡镇云水村及南部到东南部双墩村—青城村，双新产业园、三友村南部及东部，双港镇福桥村、郑圩村、白果村、民畈村、南河村，练潭村东部与南部及徐杉村南部。此外，大沙河流域富锌土壤均属无公害土壤，无公害富锌土壤除绿色富锌土壤分布区外，还分布于民畈村北部及徐杉村（图5-3）。大沙河流域富锌土壤兼具富锌、绿色与无公害等多重优势，资源禀赋条件极佳。

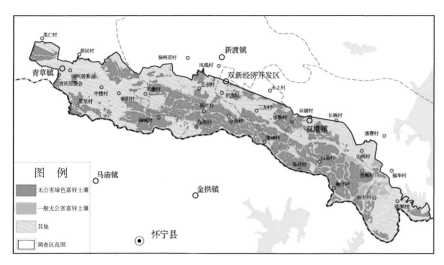

图5-3　大沙河流域无公害绿色富锌土壤分布示意图

大沙河流域土壤以酸性土壤（pH值4.5～6.5）为主，土壤中氮、磷及有机质与安徽省土壤背景值相比，均相对较高（比值1.26～1.44），钾含量大致相当（比值1.06）（图5-4）。

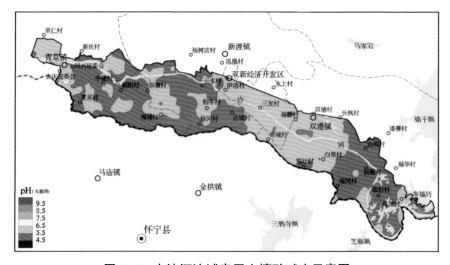

图5-4　大沙河流域表层土壤酸碱度示意图

大沙河流域土壤质量地球化学综合等级以优质和良好级为主。

青草镇、新渡镇和双新产业园三友村土壤主要为优质级，双港镇优质和良好级土壤分布大致相当（图5-5）。

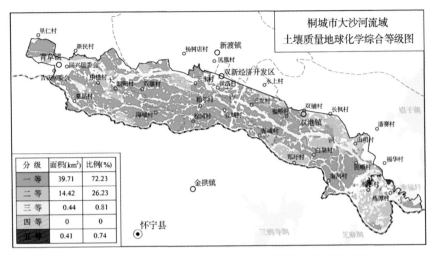

图5-5 大沙河流域土壤质量地球化学综合分级示意图

（二）产业资源状况

桐城市各主要锌米相关农业民营企业按经营组织管理模式和在产业链供应链中所处的环节大体可分为五类新型农业经营主体：一是产加销一体化的农业产业化龙头企业，以青草香米业集团、天林米业有限公司为代表。二是产加销一体化企业，其中生产环节的经营管理模式为农民合作社形式，加工和销售环节则以公司制农业企业形式运营，即复合经营管理模式，以夏星米业有限公司为代表。三是家庭农场有限公司，其中加工销售端经营管理模式为农业产业化龙头企业，而生产端经营管理模式则属于种粮大户和家庭农场，以海潮家庭农场有限公司为代表。四是家庭农场，以双福家庭农场为代表。五是专业生产加工的食品制造业企业，以健生食品厂为代表。

1. 产加销一体化的农业产业化龙头企业

（1）安徽省桐城青草香米业集团

安徽省桐城青草香米业集团成立于 2013 年 5 月，是安庆市农业销售 50 强企业。位于安徽省安庆市桐城经济开发区。作为集粮油订单、收购、储备、加工和销售为一体的省级农业产业化龙头企业，集团公司以"绿色食品原粮生产基地"的水稻资源为基础，以"青草香"大米品牌为依托（图 5-6），以高新技术为动力，积极进行新产品研制开发，不断拓展企业产业化规模。

青草香米业集团有限公司坚持"公司＋基地＋农户"的农业产业化经营模式，集团公司总占地面积 185 亩，现有员工 315 人，集团公司有 63 万亩稻谷生产基地，其中包括绿色食品稻谷生产基地 20 万亩和无公害稻谷生产基地 3 万亩。桐城市为安徽省农业产业化生态农业示范市（县），自然环境优越，得天独厚的土质、水质、气候等自然条件孕育了"青草香"大米与众不同的优良品质。"青草香"大米通过了"绿色食品"认证。

图 5-6 "青草香"系列产品

（2）桐城市天林米业有限公司

桐城市天林米业有限公司成立于 2005 年。坐落于安徽省桐城市金神镇天林庄。公司（含各地销售代理商）共有员工 100 余人，其中生产加工本部 40 余人。公司占地面积 12 000 m²，建筑面积 7 000 m²，生产种植基地 50 000 多亩。公司的组织形式是由两名个人股东共同出资成立的私营企业，是集粮油订单、收购、储备、生产、加工和销售为一体的省级农业产业化龙头企业。

公司以农产品规模化经营为方向，推行"公司＋基地＋农户"的农业产业化经营模式。即订单生产种植，提供给村民优良种子和免费技术服务，包括种植品种和施用化肥种类等方面的咨询服务；销售模式为一个地级市招聘一个代理商进行销售。公司产品主要集中在广东、江苏、浙江、上海、云南和贵州地区销售。2022 年该公司销售额为 1.6 亿元，锌米的种植面积为 2 000 亩。

公司生产籼米和粳米，目前销量最大的虽然仍是出厂价 2 元的普通中端大米品种，但该品种销量已开始萎缩。而锌米属于其公司的高端产品，拥有"天莊大米"品牌（图 5-7），并通过了绿色食品 A 级产品的认证。此类产品主要销往江、浙、沪等长江下游地区，占公司年销售额的 10%，每年的涨幅在 20% ~ 30%，具有较为可观的发展前景。而由包括锌米在内的 4 种中高端大米加工而成的大包装产品则主要远销广东等华南地区市场。

图 5-7 "天莊大米"系列产品

2. 采取复合经营管理模式的产加销一体化企业（生产环节：农民合作社；加工销售环节：公司制农业企业形式）

桐城市夏星米业有限公司

桐城市夏星米业有限公司成立于 2020 年，位于安徽省桐城市青草镇夏星村，是一家以从事农副食品加工为主的产加销一体化企业，其中生产环节的经营管理模式为合作社形式，加工和销售环节以公司形式运营。企业的经营范围为：大米加工、销售、粮食仓储、农作物种植等。其种植面积为 2 800 亩，生产、收割、加工过程全部机械化，公司共 30 名员工，其中行政人员 9 人，生产人员 20 人。通过直销和门市部代理销售的形式销往安徽省、广东省、上海市、北京市等地，其中销往本省的占比最高，且以附加值不高的中低端大米品种为主。

公司年总收入约 2 000 万元，其中 2022 年种植方面的收益为 600 万元，实现销售利润约 90 万元，大米加工方面的收益为 1 000 万元，实现销售利润约 150 万元，农机方面的收益为 200 万～300 万元，实现销售利润约 62.5 万元，生产设备价值近 300 万元，加工设备价值 100 余万元。此公司的锌米有"香初"品牌（图 5-8）

通过了绿色食品认证，其锌含量为（15±1）mg/kg。

图 5-8 "香初"锌米及生产装备

3. 家庭农场有限公司（生产环节：种粮大户、家庭农场；加工销售环节：产业化龙头企业）

桐城市海潮家庭农场有限公司

桐城市海潮家庭农场有限公司成立于 2013 年 12 月，位于桐城市双港镇福桥村的大沙河沿岸，主要经营农作物种植及农产品、预包装食品销售等。其经营模式为家庭农场有限公司，其中产业链下游的加工销售端与农业产业化龙头企业合作，而上游的种植生产端经营管理模式则属于种粮大户或家庭农场。

公司固定员工仅 5 人，主要为种植加工人员，注重人工成本的控制。主要生产和销售高档锌米，品种属于野香优油丝稻，其品牌名称为"双港大沙河"（图 5-9）。2022 年此公司共有 1 020 亩流转土地，实现年销售收入达到 500 万元（包含油菜），其年毛利润 100 万元，净利润达到 70 万～80 万元，利润十分可观，其中高端的锌米销售比重持续提高，主要因为其具有的不可替代性，有助于实现差异化经营，占据这一高端细分市场。其耕作、种植、收割、加工全过程机械化作业。农业机械设备总值为 100 余万元。主要在安徽省，特别是合肥市进行销售，2019 年开始销往全国其他地区。

图 5-9 "双港大沙河"锌米及公司认证、荣誉等证书

4. 家庭农场

桐城市双福家庭农场

桐城市双福家庭农场位于环境优美的桐城市范岗镇棋盘岭村境内。农场流转农田 1 200 余亩，复垦耕地 240 亩，林地 500 余亩，水面 45 亩。主要经营水稻、小麦、玉米等农作物种植，以及原生态家禽饲养、休闲垂钓和观光采摘。已发展成为集粮食生产、种植业、养殖业、林业、加工业、休闲采摘观光、农家乐为一体，产加销一条龙的一体化多元化综合开发性农业企业，将农业产业与农事体验有机结合，促进一二三产业融合发展。农场已于 2016 年注册了"杰星双福"商标（大米、粮油、禽蛋、水果类）（图 5-10），"锌科状元"商标正在进行专利注册；制定了《桐城市双福家庭农场富锌大米企业标准》；富锌米、稻鸭米等特色农副产品也取得了较好的市场反响。

双福家庭农场年销售额达 800 余万元，产品远销北京、上海等 10 余个省区市。目前已解决周边农户就业 50 人，每年帮助农户代销农产品收入 20 余万元，组织有关政协委员开展各类培训 50 场（次），每年为村集体经济组织创收 10 万元。

图 5-10　"杰星双福"系列产品

5. 专业进行生产加工的食品制造业企业

桐城市健生食品厂

桐城市健生食品厂成立于 2013 年，是对花生米、麻饼、瓜子等产品进行专业生产加工的食品制造企业，拥有完整、科学的质量管理体系。主营桐城锌特产系列产品，包括精品果丰糕、徽派锌炒米等富锌产品（图 5-11）。

图 5-11　桐城市健生食品厂的桐城果丰糕等产品

（三）相关标准体系建设与发展

针对市场品种多、周转快、供货急的特点，桐城市相关组织根据富锌大米产业发展情况，创建了含锌大米标准体系制定工作，建立了用标准化方法指导产品生产和营销的模式。部分相关标准汇总情况见表5-1。

表5-1　桐城市含锌大米标准汇总情况

发布单位	标准类型	标准代号	标准名称
安庆市市场监督管理局	地方标准	DB3408/T 002—2021	桐城锌米种植技术规程
安徽丰聚农业科技有限公司	企业标准	Q/FJNY 0001S—2020	含锌大米
安徽丰瑞农业发展有限公司	企业标准	Q/FRNY 0001S—2019	含锌大米
桐城市锦帆农业发展有限责任公司	企业标准	Q/JFNY 0002S—2021	含锌大米
桐城市天林米业有限公司	企业标准	Q/TLMY 0001S—2019	含锌大米
桐城市富锌产业协会	团体标准	T/TCFX 002—2021	含锌大米
桐城市富锌产业协会	团体标准	T/TCFX 003—2021	含锌瓜蒌籽
桐城市富锌产业协会	团体标准	T/TCFX 001—2021	富锌绿茶
安徽富美达农业科技发展有限公司	企业标准	Q/FMD 0002S—2023	含锌碧根果

（四）发展态势分析

1. 走因地制宜的可持续发展之路

结合桐城当地的实际情况，在今后的产业发展路径探索上，生产环节应加大生物营养强化力度，加大农作物品种选育，筛选对锌吸附合成能力更强的品种；大力推动深加工产品开发，努力提升产品附加值，探索生产管理统一化模式；针对小规模散户种植的粗放式生产经营模式，持续做大做强产业规模，使之朝着规模化经营的方向发展，力争实现规模经济，更好地发挥集约型经营模式的优势，以期在降低成本的同时提升经济效益，促进成本效益的有效提升。

2. 将富锌资源转化为富锌产业

为把富锌资源转化成富锌产业，把发展生态富锌产业作为发展特色现代农业、强市富民的重要战略，借助当前乡村振兴重要历史机遇，通过成立锌产业协会，组建锌资源保护与利用工作站，编制《桐城市富锌农业产业发展规划》，制定含锌产品相关标准（已有 45 项相关企标），建立标准化生产基地等系列举措，来引领国内富锌产业发展。

3. 将富锌优势提升为富锌品牌

未来可加强与科研院所和高校对接合作，持续加大科研投入，鼓励规模以上企业成立研发机构，吸引高层次科研人员；扩大需求面，充分调研本地及外省富锌产业市场，对富锌产品的市场需求情况进行摸排，依托农产品加工园丰富产品种类和特色，聚焦需求市场做强富锌产业；不断延伸产业链，保证桐城富锌农产品原材料提供和初加工技术支撑，发展上下游产业，提升产品档次，加大对于深加工、销售、流通等环节的建设，以形成整套富锌产业体系；提升品牌度，推进品牌建设，逐渐形成"品牌产品—品牌企业—品牌产业—富锌农业区域品牌经济"的发展体系，加强富锌农产品生产基地的"三品一标"及标准化建设，以"三品一标"引领富锌农业品牌化，通过富锌农业品牌推动标准化，提升富锌农产品质量和效果；培育一批从事富锌农业基地建设和生产加工的农业新型经营主体，着力引进技术先进、管理规范的国内农业生产和加工领域的领军企业、上市企业，发展桐城富锌农业。

开发富锌功能性农产品，继而带动富锌功能性农业蓬勃发展，富锌功能性农业是桐城做好乡村振兴战略的重要抓手，也是农业供给侧结构性改革新路径。

六、桐城其他富锌农产品

（一）桐城小花茶

巍巍大别山向东延伸至桐城西北部，因山形"宛若龙眠"，故称龙眠山。桐城有"四山三田分半水，分半道路和庄园"之称。龙眠山区海拔 400 ~ 1 000 m，层峦叠嶂，溪涧密布，云遮雾绕，松竹掩映，幽兰遍野。这里土壤疏松、深厚肥沃，有机质丰富，并富含人体必需、有益智力发育的锌元素，茶园镶嵌于林中，生态环境优越。"龙泉庵中茶产于云雾石隙中，味醇而色白香清，品不减于龙井。龙眠山孙氏椒园茶亦佳。"《龙眠风物记》如此描述桐城小花茶。

桐城小花茶因其冲泡后似初绽花朵，又有兰花香，因此得名"桐城小花"。桐城小花茶选春茶 1 芽 1 ~ 2 叶为原料，芽叶肥壮、匀整、茸毛显露，经摊放、杀青、做形、初烘、复烘、剔拣、提香等工序精制而成。桐城小花成茶芽叶完整，外形舒展，色泽翠绿，汤色嫩绿明亮，香气清鲜持久，有兰花香，滋味鲜醇回甘，叶底嫩匀绿明，具有"色翠汤清、兰香甜韵"的品质特征。据检测分析，桐城小花干茶中锌含量高达 58 mg/kg 左右，是其他茶叶中锌含量的 2 倍左右。

桐城小花茶历史悠久。《桐旧集》载：鲁山公（明朝大司马孙晋）宦游时得异茶籽，植之龙眠山之椒园。由是，椒园茶与顾渚、蒙顶并称。明清时期，桐城小花茶不仅是国税之源，而且是朝贡之珍。大学士张英回乡居住时，感叹"须试龙眠第一茶"（图6-1）。

图 6-1　桐城小花茶

桐城小花茶1986年被评为安徽省名茶，1999年入选《中国名茶志》，多次获"中茶杯"一等奖，获"安徽十大品牌名茶"称号，2015年入选全国名特优新农产品名录。桐城小花茶是农产品地理标志登记保护产品，该茶产区属安徽省特色农产品优势区。

1. 茶叶功能营养成分

多酚类化合物被公认为是茶叶中对健康有益的最主要成分，由黄酮、儿茶素、酚酸及花青素等物质构成。关于茶叶中多酚类化合物所具有的医疗效果，专家学者进行了较多的研究，主要体现在以下几个方面：一是儿茶素能够有效抑制胆固醇含量上升，并可以促进脂类化合物代谢；二是多酚类化合物能够抑制血压上升，强化血管壁韧性；三是多酚类化合物能够有效抵抗衰老，主要是因为儿茶素含有抗氧化活性；四是儿茶素具有抗癌作用。许多研究表明，儿茶素在抑制癌细胞的产生与突变方面可发挥重要作用。

茶叶中所含有的生物碱是具有保健作用的生理活性物质，包括茶碱、可可碱与咖啡碱。其中，咖啡碱是茶叶生物碱中最为主要的成分。由于 3 种生物碱都为甲基嘌呤类化合物，因此 3 种物质在药理方面展现出了相近的作用。咖啡碱作为一种中枢神经兴奋剂，能够有效刺激大脑皮层、强化大脑兴奋程度。此外，咖啡碱还能够在推进新陈代谢、强化肌肉收缩方面展现出不容忽视的作用，并且咖啡碱具有利尿功能。

茶叶中矿物质元素含量也极为丰富，所含有的矿物质成分达到了 40 余种，这些成分对于人体细胞的构成、骨骼的发育、新陈代谢的开展产生着重要的作用。茶叶不仅含有人体所需的全部矿物质元素，并且一半以上可溶于热水，在一些富锌地区茶叶锌含量比普通茶叶含锌量高一倍，人们通过饮茶就能直接从茶汤中获得锌等矿物质元素。

对 5 份桐城小花茶检测报告中锌含量进行统计数据分析，结果表明：平均值为 36.5 mg/kg，最大值为 45.2 mg/kg，最小值为 34.8 mg/kg（表 6–1）。

表6-1　桐城小花茶锌含量统计与比较　　　　　单位：mg/kg

茶名称	锌含量
桐城小花茶叶（杨头茶叶合作社）	34.8
桐城小花茶叶（甲辰庵）	38.2
桐城小花茶叶（桐城市小花茶公司）	39.2
桐城小花茶叶（文都白茶）	45.2
桐城小花茶叶（龙眼亿品香）	35.1

2. 桐城小花茶产业现状和规模

茶叶已是桐城市山区的主导产业，也是山区乡村振兴的首选优势产业，全市现有茶园总面积约7万亩（图6-2）。2022年干茶总产量达660 t、产值4.4亿元。打造特色农产品优势区是党中央、国务院的重大决策部署，也是推进农业供给侧结构性改革、实现农业高质量发展、提升我国农业国际竞争力的重要举措。桐城小花茶在

图6-2　桐城茶园

政策支持下的发展前景广阔。

（二）桐城瓜蒌籽

1. 瓜蒌籽功能营养成分

瓜蒌，又称栝楼、野葫芦等，属葫芦科栝楼属，为多年生宿根草质藤本植物，药食两用（图6-3）。籽可食用，果实、皮、根均可入药。瓜蒌籽是可用于加工休闲食品的栝楼和双边栝楼的成熟籽粒（图6-4）。瓜蒌籽含不饱和脂肪酸22.69%、蛋白质20.05%，并含17种氨基酸、多种维生素以及钙、铁、锌、硒等16种微量元素，炒熟后味道润绵、脆香特异，被誉为"瓜子之王"，是集休闲、营养、保健于一身的天然药膳食品。瓜蒌籽含有大量的油脂成分，也含有蛋白质、氨基酸、微量元素及多种维生素等，其脂肪酸的主要成分为亚油

图6-3　桐城瓜蒌

图6-4　桐城瓜蒌籽

酸，该成分为在人体内不能自行合成、必须从体外摄取的不饱和脂肪酸，具有抗血栓、降血脂、降胆固醇、促进大脑发育、改善或保护血管壁、防止动脉粥样硬化等药理作用。

对 45 份桐城瓜蒌籽检测报告中锌含量进行统计分析结果表明：锌含量平均值为 19.6 mg/kg，最大值为 55.2 mg/kg，最小值为 13.7 mg/kg。其中，32 份桐城瓜蒌籽中锌含量在 15 ~ 20 mg/kg 区间，占全部样品的 71%。

2. 桐城瓜蒌籽产业现状和规模

2022 年桐城瓜蒌的种植面积已达到 2 000 亩，并建成瓜蒌晒场、加工车间，购置其他配套设施和设备，有效提升了瓜蒌的生产加工水平。

（三）桐城碧根果

1. 碧根果功能营养成分

碧根果，别名长寿果，为胡桃科山核桃属植物，类椭圆形，果实香味浓郁，是世界十大坚果之一（图 6-5）。其果壳脆薄，果仁大且易剥取，生食味道香甜、营养价值极高，富含不饱和脂肪酸、蛋白质、膳食纤维、氨基酸、维生素等（图 6-6）。

对 3 份桐城碧根果检测报告中锌含量进行统计数据分析，结果表明：锌含量的平均值为 33.1 mg/kg，最大值为 47.9 mg/kg，最小值为 24.7 mg/kg。

图 6-5　桐城碧根果基地种植的碧根果

图 6-6　桐城碧根果果实

2. 桐城碧根果产业现状和规模

统计数据显示，我国对碧根果的需求量约占全球总量的 18%，自 2011 年起，我国一直是碧根果第一大进口国。随着生活水平的提升，人们对碧根果的需求还在持续增长。

桐城市新渡镇目前共引进 18 个优良新品种碧根果，种植面积 8 000 余亩。近年来，该镇为做大做强碧根果产业，采用村集体经济合作社与企业合作经营的模式，由村集体经济合作社出资购买碧根果树苗免费提供给农户，农户利用房前屋后的闲置地和自留林地种植碧根果，公司销售碧根果苗木、提供种植管理技术培训并收购碧根果果实。果实销售后所得收益按村经济合作社 20% 和农户 80% 的比例进行分成。该模式真正实现了村集体经济壮大、群众增收、企业降成本的三方共赢。下一步，该镇将同企业一道探索"碧根果 +"模式，新建碧根果深加工厂房，开发碧根果鲜果、烘焙果、碧根果油、碧根果酒、碧根果酱、碧根果甜品等系列产品，不断推进碧根果标准化、产业化、安全化、品牌化，将碧根果打造成农村增绿、农业增效、农民增收的特色绿色产业，让绿水青山变成金山银山。

"优质 + 富锌"促进桐城碧根果走俏市场。2022 年桐城碧根果基地采收碧根果超过 10t，"种植 + 深加工"产业链解决了附近农民就业问题，是乡村振兴的有力抓手。

桐城小花茶、桐城瓜蒌籽、桐城碧根果等特色富锌农产品种植丰富了桐城富锌农业序列。

参考文献

陈清，卢国清，1989．微元素与健康［M］．北京：北京大学出版社．

陈文强，2006．微量元素锌与人体健康［J］．微量元素与健康研究，2（34）：62-65．

陈汶，卢亚陵，郑红，等，2008．103例小儿反复呼吸道感染的病因分析及临床意义［J］．重庆医学，37（7）：759-761．

陈宗懋，甄永苏，2014．茶叶的保健功能［M］．北京：科学出版社．

黄秋婵，韦友欢，石景芳，2009．微量元素锌对人体健康的生理效应及其防治途径［J］．微量元素与健康研究，26（1）：68-70．

黄作明，黄珣，2010．微量元素与人体健康［J］．微量元素与健康研究，27（6）：58-62．

雷阳，谭书明，2011．丹寨硒锌米保护范围内的大米中硒与锌含量测定［J］．现代农业科技（23）：354-356．

冷占籍，2021．潜山市瓜蒌产业发展现状及建议［J］．现代农业科技（11）：263-264．

李烽，郭振荣，赵霖，2000．烧伤后锌的丢失与补充及锌营养状态的评

价 [J]. 微量元素与健康研究（2）：74-76.

林才，李前，张明真，2010. 口服补锌辅助治疗婴幼儿轮状病毒肠炎临床观察 [J]. 当代医学，16（16）：9-10.

刘兴会，张光圩，万宝麟，1988. 锌、铜与胎儿生长发育关系的初步探讨 [J]. 中华妇产科杂志，23（1）：47.

孟倩楠，刘畅，刘晓飞，等，2021. 大米强化营养素及其生物效能研究进展 [J]. 食品研究与开发，42（22）：213-219.

彭召东，张士超，陈猛，2022. 泗洪县碧根果产业发展现状及思路 [J]. 现代农业科技（13）：198-201.

石荣丽，邹春琴，张福锁，2006. 籽粒铁、锌营养与人体健康研究进展 [J]. 广东微量元素科学，13（7）：1-8.

宋光民，赵东，王善政，等，2000. 微量元素与食管癌关系的探讨 [J]. 微量元素与健康研究，17（3）：13-14.

王丕玉，刘海潮，2007. 锌失衡与人体健康 [J]. 中国食物与营养（7）：50-51.

王亚玲，赵军英，乔为仓，等，2021. 电感耦合等离子质谱法测定母乳中 10 种矿物元素 [J]. 食品科学，42（14）：165-169.

王丽群，郭振海，孙庆申，等，2022. 稻米适度加工技术及其应用 [J]. 东北农业大学学报，53（2）：91-98.

汪令建，崔高升，王博文，2021. 安徽桐城市茶产业发展现状与对策 [J]. 茶业通报，43（3）：107-111.

杨月欣，葛可佑，2019. 中国营养科学全书 [M]. 2 版. 北京：人民卫生出版社.

杨晓萍，2021. 新农科背景下"茶叶营养与功能"通识课建设初探 [J]. 教育教学论坛（10）：105-108.

尹路，李想，章甜甜，2022. 基于钻石模型的富锌产业竞争力分析：来自安徽省桐城市的经验［J］. 农业经济，42（19）：157-160.

余晓丹，颜崇淮，沈晓明，等，2004. 0～6 岁儿童骨密度与血清锌、铜、血铅关系的研究［J］. 中国儿童保健杂志，12（1）：23-25.

袁荣鑫，1997. 肝癌患者血清中铜铁锌元素测定研究［J］. 微量元素与健康研究，14（4）：24-25.

张惠迪，胡贻椿，卢佳希，等，2021. 2015 年中国 18～60 岁成人锌营养状况［J］. 卫生研究，50（2）：175-180.

张金尧，汪洪，2020. 锌肥施用与人体锌素营养健康［J］. 肥料与健康，47（1）：11-16.

张浪千，2004. 缺锌与儿童健康［J］. 微量元素与健康研究，21（5）：25.

张雪娟，王苓，张新华，等，2014. 孕妇锌水平与胎儿先天性心脏病相关性及生化机制［J］. 中国妇幼保健，29（11）：161-162.

赵丽云，何宇纳，2018. 中国居民营养与健康状况检测报告（2010—2013）之一：膳食与营养素摄入状况［M］. 北京：人民卫生出版社.

赵小云，管中华，李齐激，等，2014. 瓜蒌籽中脂肪酸组成型态及抗氧化活性［J］. 食品工业科技，35（10）：5.

甄燕红，成颜君，潘根兴，等，2008. 中国部分市售大米中 Cd、Zn、Se 的含量及其食物安全评价［J］. 安全与环境学报，8（1）：119-122.

中国营养学会，2014. 中国居民膳食营养素参考摄入量（2013 版）［M］. 北京：科学出版社.

BALTACI A K，MOGULKOC R，BALTACI S B，2019. The role of

zinc in the endocrine system [J]. Pak J Pharm Sci, 32 (1): 231–239.

BRIER N, GOMAND S V, DONNER E, et al., 2015. Distribution of minerals in wheat grains (*Triticum aestivum* L.) and in roller milling fractions affected by pearling [J]. J Agric Food Chem, 63 (4): 1276–1285.

CHEN F, DU M, BLUMBERG J B, et al., 2019. Association among dietary supplement use, nutrient intake, and mortality among U. S. adults: a cohort study [J]. Ann Intern Med, 170(9): 604–613.

COLVIN R A, LAI B, HOLMES W R, et al., 2015. Understanding metal homeostasis in primary cultured neurons: Studies using single neuron subcellular and quantitative metallomics [J]. Metallomics, 7: 1111–1123.

DARDENNE M, BACH J F, 1992. Rationale for the mechanism of zinc interaction in the immune system//Nutrient Modulation of the Immune Response [M]. Florida: CRC Press.

FERNÁNDEZ-CAO J C, WARTHON-MEDINA M, MORAN V H, et al., 2019. Zinc intake and status and risk of type 2 diabetes mellitus: a systematic review and meta-analysis [J]. Nutrients , 11 (5): 1027.

GEORGE K, SIBERRYA J, RAFF, et al., 2022. Zine and human immuno- deficiency virus infection [J]. Nutrition Research, 22: 527.

GRAHAM R D, SENADHIRA S, BEEBE S, et al., 1999. Breeding for micronutrient density in edible portion of staple food crops:

conventional approaches [J]. Field Crops Research, 60: 57–80.

HE P P, LI H, LIU M, et al., 2021. U-shaped association between dietary zinc intake and new-onset diabetes: a nationwide cohort study in China[J]. J Clin Endocrinol Metab, 107(2): 815–824.

HOTZ C, MCCLAFFERTY B, 2007. From harvest to health: challenges for developing biofortified staple foods and determining their impact on micronutrient status [J]. Food Nutr Bull, 28 (2Suppl2): 271–279.

KING J C, SHAMES D M, WOOD HOUSE L R, 2000. Zinc homeostasis in humans [J]. J Nutr, 130(5S Suppl): 1360–1366.

KING J C, 1981. Assessment of nutrition status in pregnancy [J]. Am J Clin Nutr, 34 (4): 685–690.

LIM S S, VOS T, FLAXMAN A D, et al., 2013. A comparative risk assessment of burden of disease and injury attributable to 67 risk factors and risk factor clusters in 21 regions, 1990–2010: a systematic analysis for the Global Burden of Disease Study 2010[J]. The Lancet, 380: 2224–2260.

LU J, HU Y, LI M, et al., 2021. Zinc nutritional status and risk factors of elderly in the China Adult Chronic Disease and Nutrition Surveillance 2015[J]. Nutrients, 13 (9): 3086.

MASOODPOOR N, DARAKHSHAN S, DARAKHSHAN D, et al., 2008. Impact of zinc supplementation on respiratory and gastrointestinal infections: a double-blind, randomized trial among urban Iranian school children [J]. Pediatrics (Suppl 121): 153–154.

MISRA B K, SHARMA R K, NAGARAJAN S, 2004. Plant breeding: a component of public health strategy [J]. Current Science, 86 (9): 1210–1215.

MOHAMMADI H, TALEBI S, GHAVAMI A, et al., 2021. Effects of zinc supplementation on inflammatory biomarkers and oxidative stress in adults: a systematic review and meta–analysis of randomized controlled trials [J]. J Trace Ele Med Biol, 68: 126857.

MULLER O, KRAWINKEL M, 2005. Malnutrition health in developing countries [J]. CMAJ, 173: 279–286.

ORTIZ–MONASTERIO J I, PALACIOS – ROJAS N, MENG E, et al., 2007. Enhancing the mineral and vitamin content of wheat and maize through plant breeding [J]. J Cereal Sci, 46 (3): 293–307.

RABOY V, 2001. Seeds for a better future: 'Low phytate' grains help to overcome malnutrition and reduce pollution [J]. Trends in Plant Science, 6 (10): 458–462.

RALUCA IONESCU I, ARIANE J M, ANDREW S M, et al., 2009. Prevalence of severe congenital heart disease after folic acid fortification of grain products: time trend analysis in Quebec, Canada [J]. Brit Med J (338): 1673.

SHEIKH A, SHAMSUZZAMAN S, AHMAD S M, et al., 2010. Zinc influences innate immune responses in children with enterotoxigenic *Escherichia coli* induced diarrhea [J]. J Nutr, 140 (5): 1049–1056.

ŠIMIĆ G, ŠPANIĆ E, HORVAT L L, et al., 2019. Blood–brain barrier and innate immunity in the pathogenesis of Alzheimer's disease [J].

Prog Mol Biol Transl Sci，168：99–145.

SIMMER K T，HOMPSN R P，1985. Zinc in the fetus and new born［J］. Acta Paediatr Scand，319：158–163.

SWAMSON C A，KING J C，1983. Reduced serum zinc concentration during pregnancy［J］. Obstel Gynecol，62（3）：313–318.

TAPIERO H，TEW K D，2003. Trace elements in human physiology and pathology：zinc and metallothioneins［J］. Biomed Pharmacother，57：399–411.

TO P K，DO M H，CHO J H，et al.，2020. Growth modulatory role of zinc in prostate cancer and application to cancer therapeutics［J］. Int J Mol Sci，21：2991.

WANG Y，JIA X F，ZHANG B，et al.，2018. Dietary zinc intake and its association with metabolic syndrome indicators among Chinese adults：an analysis of the China Nutritional Transition Cohort Survey 2015［J］. Nutrients，10（5）：572.

WONG C P，HO E，2012. Zinc and its role in age–related inflammation and immune dysfunction［J］. Mol Nutr Food Res，56：77–87.

ZHAO A，NING Y B，ZHANG Y M，et al.，2014. Mineral compositions in breast milk of healthy Chinese lactating women in urban areas and its associated factors［J］. Chin Med J（Engl），127（14）：2643–2648.

ZHAO F L，HE L，ZHAO L Y，et al.，2021. The status of dietary energy and nutrients intakes among Chinese elderly aged 80 and above：data from the CACDNS 2015［J］. Nutrients，13（5）：1622.

致　谢

感谢中国农业科学院科技创新工程专项、桐城市高锌农产品营养品质评价与健康功能评价项目等对本书的资助！

感谢农业农村部食物与营养发展研究所同仁、桐城市人民政府相关工作人员对本研究的支持！感谢在本书编著、出版过程中所有参与人员的辛勤付出！